人生有方向，
青春不迷茫
——给所有年轻人的青春规划课

刘红　编著

中国商业出版社

图书在版编目（CIP）数据

人生有方向，青春不迷茫：给所有年轻人的青春规划课 / 刘红编著. —北京：中国商业出版社，2016.2
ISBN 978-7-5044-9304-0

Ⅰ.①人… Ⅱ.①刘… Ⅲ.①成功心理-青年读物 Ⅳ.①B848.4-49

中国版本图书馆 CIP 数据核字（2016）第 022670 号

责任编辑：孙锦萍

中国商业出版社出版发行
010-63180647　www.c-cbook.com
（100053 北京广安门内报国寺 1 号）
新华书店总店北京发行所经销
北京建泰印刷有限公司印制

★

787×1092 毫米　16 开　16 印张　250 千字
2016 年 3 月第 1 版　2016 年 3 月第 1 次印刷
定价：30.00 元

★★★★★

（如有印装质量问题可更换）

前　言

　　人经常搞不清楚自己是为了什么而活着；搞不清楚自己来到世界上，是为了什么而来，又将带什么而离去；很多人也不知道自己对家人来说意味着什么，对朋友或其他人来说又意味着什么。

　　其实，对每个人来说，我们就是世界上的一个生命个体。当我们有了生命、懂得思考的时候，我们就会问自己："我究竟是为了什么而活着？"

　　当然，人活着，就一定得有价值和意义，这个价值和意义，只有自己才能决定，也只有自己知道它是什么。上天既然给了我们生命，就一定有它的原因。在这个世界上有些人活着是为了享受，为了享受美食、享受奢侈的生活、享受最美丽的东西；有些人活着就是为了照顾父母、照顾兄弟姐妹等。

　　那么你是为了什么而活着呢？你可能会说：为了爱你的和你爱的人而活着；为了自己的快乐而活着；为了自己的幸福而活着；为了人生而活着；为了有机会做人而活着。在这里我要说，你最应该做的就是规划好自己的青春，因为你的生命是属于你自己的，因为你的青春有限，你最应该活出属于自己的生命色彩。

　　青春有限，不要迷茫。对一个人来说，最重要的是完善自己、成就自己。只有这样，你才有能力做自己想做的事情，拥有完美的人生。那么年轻人应该怎么做，才不迷茫呢？关于这个问题，众说纷纭。在这里我想说，一个人只要能对自己的人生承担起责任，能规划好自己人生发展的道路，有独立思考问题的能力，能控制自己的情绪，能很好地开发利用自己的潜能，能及时从失败中总结经验和教训，能努力提高自己的修养和品位，能把握住机会，能爱惜照顾好自己的身体和健康，那么这个人的人生方向就是正确的，就是不负青春的。

事实上，人生是一个非常短暂的过程，青春只有一次，我们在短短的人生中应该做好青春规划。虽然，人生充满了苦恼、困难和挫折等种种的考验和挑战，我们可以选择不开心地活着，也可以选择开心地活着，但既然事情无法改变，我们为什么不让自己变得更开心一点儿呢？

人生的道路是不可能永远一帆风顺的，但是面对风雨，我们可以选择坦然面对，可以选择坚定地走下去，因为我们想活出自我；因为我们的青春有限，我们的青春只有一次。为了青春无悔，我们应该活出自己的靓丽色彩。

目　录

第一章　只有了解自己才能规划好人生

明确影响性格的要素 …………………………………………… 003

先弄清楚自己想要什么 ………………………………………… 008

明确自己到底适合哪种类型的职业 …………………………… 015

根据自己的个性来规划职业生涯 ……………………………… 021

好的人生是需要规划的 ………………………………………… 025

第二章　要充分利用潜能

充分利用潜能对你是大有裨益的 ……………………………… 035

无论如何都不能缺少自信 ……………………………………… 041

懂得适时用勇气把自己推销出去 ……………………………… 045

有些缺点可能转化为优势 ……………………………………… 050

让你心中的正面影像变为现实 …………………………………… 056

第三章　要成就自身修养

良好的兴趣爱好是上乘的减压器 …………………………… 063
运动让你赶走烦忧和不快 …………………………………… 070
爱好音乐、喜欢唱歌的价值和意义 ………………………… 076
阅读让你获益匪浅 …………………………………………… 081
欣赏艺术品，彰显情操和品位 ……………………………… 086

第四章　要学会独立思考

遇事情要有自己的主见 ……………………………………… 097
养成独立思考好习惯 ………………………………………… 102
不是勉强，而是自觉自愿地去做 …………………………… 107
如何培养女人独立思考的能力 ……………………………… 111
如何培养男人独立思考的能力 ……………………………… 118

第五章　要学会控制情绪

情绪对人的影响是不容忽视的 ……………………………… 129
不做情绪的奴隶，而要做情绪的主人 ……………………… 135

在做决定的时候要学会三思而后行 ………………………… 142
谨防恐惧感给你造成心理压力 ……………………………… 147
焦虑和忧愁只会成为工作的大敌 …………………………… 152

第六章　要懂得承担责任

通过学习不断提高自己的专业技能 ………………………… 159
孝敬父母是子女应该做好的事 ……………………………… 163
为人父母者要懂得爱护孩子 ………………………………… 169
要平衡好家庭和事业的关系 ………………………………… 175
让周围的人成为自己的朋友 ………………………………… 180

第七章　吃一堑长一智

一切失败，皆因"无知" ……………………………………… 189
导致我们失败的 29 个原因 ………………………………… 193
失败有时是一种难得的契机 ………………………………… 198
让自己做的每一件事情都更接近成功 ……………………… 203
及时地向身边人寻求帮助 …………………………………… 209

第八章 要爱惜自己的身体

千万不要忽视自己的身体健康 …………………………………… 217

更年期的男人和女人有道坎 …………………………………… 222

青年男女也不能挥霍自身的健康 …………………………………… 231

青春期孩子要注意的身体健康问题 …………………………………… 236

老人和孩子要注意的身体健康问题 …………………………………… 240

第一章　只有了解自己才能规划好人生

好的人生是需要规划的，规划不仅让人生变得井井有条，还能让人在不同的生命阶段收获不同的人生果实。在规划自己的人生之前，首先要了解自己。要明白自己属于哪种性格的人，要明白自己究竟有哪些特长、喜欢做哪方面的工作。然后结合自己的性格、特长和兴趣去选择适合自己的工作。这样你的人生才能有比较清晰的发展方向，为活出精彩的人生打下坚实的基础。

第一章 只有了解自己才能规划好人生

明确影响性格的要素

好的人生是需要规划的，经过规划的人生才能变得"秩序井然"，才可以让你在不同的生命阶段里收获到相应的果实。不经过规划的人生，会变得杂乱无章，会乱如一团麻，会缺少后劲，会变得很平庸。

在开始规划人生之前，你应该对自己有一个基本的了解，你应该知道自己是什么样性格的人，你应该了解自己性格上有哪些优点，又有哪些缺点。

俗话说，性格决定命运，你的性格会对你今后的人生产生影响。因此我们规划人生的第一步，应该从了解自己的性格开始。

下面我们从气质、兴趣、心理活动和心态的外在表现来分析一下不同性格的人都具有哪些特点，帮你判断自己的性格。

1. 气质对性格的影响

心理学上把人的气质分为四种类型：胆汁质、多血质、黏液质、抑郁质，这些不同气质类型的人的气质特征可以作如下描述：

（1）胆汁质：直率，热情，精力旺盛，情绪易于冲动，心境变化剧烈，具有外倾性。

（2）多血质：活泼，好动，敏感，反应迅速，喜欢与人交往，注意力容易转移，兴趣容易变换，具有外倾性。

（3）黏液质：安静，稳重，反应缓慢，沉默寡言，情绪不易外露，注意

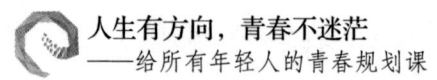

力稳定但难以转移，善于忍耐，具有内倾性。

（4）抑郁质：孤僻，行动迟缓，精神体验深刻，善于觉察别人不易觉察到的细小事物，具有内倾性。

不同的气质会明显地影响一个人的行为方式、处世方式和情绪表现。比如同样是看戏迟到而遇检票员的阻拦，不同气质的人的表现可以说是迥然不同的。

胆汁质的人容易与检票员发生争执，希望立即入场。他会分辩说："我不会影响任何人！"然后企图推开检票员，径自入场。

多血质的人会立刻明白，在这种场合与检票员争辩是无济于事的，他会设法绕过去。

黏液质的人看到不让他进入场内，就会暗自思忖："第一场一般是不太精彩的，我还是暂且到小卖部待一会儿，等到幕间休息时再进去吧。"

抑郁质的人会想："我老是不走运，偶尔来一次戏院，就这么倒霉！"于是丧气地回家了。

不过，人的气质在性格的作用下是可以改变的。比如那些具有坚强性格的人，可以抑制他气质中的某些消极方面，从而让其气质中的积极方面得到发展。

清代爱国官员林则徐有胆有识，人们都很敬佩他。但他有容易发脾气的毛病，常因未作深入调查研究就发脾气伤人，导致别人的误解和隔阂。他发现了自己这个毛病后下决心改掉它，便在书房内高悬"制怒"二字，经过努力，终于逐步克服了这个毛病。

2. 兴趣对性格的影响

除了气质对人的性格产生的影响外，心理学上认为一个人的兴趣特别是学习兴趣，以及将来从事工作的兴趣，都和人的性格特征密切相关。美国心理学家霍兰认为，某一类型的人格，都有与此相应的兴趣所在。他分析了六种类型的人格：

(1) 现实的人格类型：具有这类人格的人，常对具体的劳动或基本技术等方面发生兴趣。

(2) 理智的人格类型：具有这类人格的人，往往爱好科学研究、工程设计或理论方面的探讨。

(3) 社会性的人格类型：具有这类人格的人对人事关系、公共服务、行政管理等方面具有浓厚兴趣。

(4) 文艺的人格类型：具有这类人格的人，平日喜欢文学、艺术、音乐、绘画方面的课程，在业余时间也多从事这类活动。

(5) 恪守惯例的人格类型：具有这类人格特征的人，往往小心谨慎，遵从惯例，喜欢按部就班，照课程学习，按规矩办事，既没有特别感兴趣的方面，也没有特别不感兴趣的方面。

(6) 贸易性人格类型：这一类型的人喜欢从事商业活动、经济往来，在经营方面有特别的兴趣和能力。

霍兰提出的这种人格类型与学习兴趣和未来职业方向的关系，虽然不能尽善尽美，可是对我们了解自己的性格方面还是有帮助作用的。

3. 心理活动对性格的影响

心理学上，又从人的心理活动上，把人的性格分为外倾型和内倾型两种。属于外倾型的人，他们心理活动倾向于外部，能经常对外部事物表示出关心，性格开朗、活泼、情感外露，做事当机立断，不拘小节，独立性强，善于交际。而属于内倾型的人，他们心理活动倾向于内部，一般表现为沉静，处事谨慎，深思熟虑，反应缓慢，适应环境比较困难，顾虑多，交往少等。

在我国文学史上，人们习惯于把作家分为婉约派和豪放派，前者最杰出的代表是女词人李清照，后者最杰出的代表当推苏轼。苏轼，号东坡，可谓旷达之人，虽屡遭挫折，但饮酒赋诗，不改乐观情怀，以大江出峡之势，写壮阔之景，抒雄豪之情，是典型的外向性格。就是在政治上屡遭贬谪，父母、妻子相继亡故，与弟弟苏辙又天各一方的时候，虽然他精神上非常痛苦，思亲之情日甚一日，"转朱阁，低绮户，照无眠"，但最后苏轼还是以旷达的眼光去看待生活中的磨难，宽慰自解，并寄予人类以良好祝愿："人有悲欢离合，月有阴晴圆缺，此事古难全。但愿人长久，千里共婵娟。"至于他的"大江东去，浪淘尽，千古风流人物"的恢弘之气就更不用说了。

但是在苏轼之后四五十年的女词人李清照，本来性格就内向悲戚，当她与丈夫别离、独酌赏菊的时候，只有离恨别愁，"莫道不消魂，帘卷西风，人比黄花瘦"。到她丈夫病故后，她原先词作中的爽丽清秀之风也全都被凄凉幽怨所代替了。她最著名的词《声声慢》一开头就是："寻寻觅觅，冷冷清清，凄凄惨惨戚戚。"她在寻找，但自己也不知道在找什么，完全被心神不定、若有所失、凄惨孤苦的情调笼罩了。在词的结尾："梧桐更兼细雨，到黄昏，点点滴滴。这次第，怎一个愁字了得！"古人说："言为心声。"这里的心声，还不只是思想感情，也包括人性格的内向性特征在内。

4. 心态对性格的影响

心理学上从人心态的外在表现上划分，又把人的性格分为理智型、情绪型、意志型三种。属于理智型的人以理智来衡量一切并支配行动，德国古典哲学家康德就是一个代表。他极其推崇理性并且按理性行事，反对人成为情绪的奴隶。他的生活极有规律，每天下午五点散步，几十年如一日，以至于人们把他看做准确的时钟，比教堂的钟声还准时。属于情绪型的人，情绪体验深刻，举止受情绪左右，这在文学家、艺术家中最为多见，有些人为了满足情绪的愿望，不惜贻笑大方，他们认为，一个人不应该过多压抑自己的情绪。属于意志型的人具有较明确的目标，行为主动，法国总统戴高乐可以说是意志型的典型，他把意志看做是权力的象征，他的一举一动，甚至一颦一笑，都是有意安排和做出的，很少有下意识的举动，更不可能看到他随随便便的亲热样子，他认为那有损总统的尊严。

所谓理智型、情绪型、意志型是相对而论的，只不过是说某种特性更明显罢了。一个人不可能只有理智，没有情绪和意志，或者只有情绪、意志而没有理智。否则这个人不是雄辩癖、夸大狂，就是冷血动物。

瑞士一位心理学家认为这种分法未必能够很好地解释现实生活中人们性格与心理状态之间的关系。于是他把人的性格机能特性分为四种类型，即敏感型、情感型、思考型和想象型。

敏感型人的特征：精神饱满，好动不好静，办事爱速战速决，但行为常有盲目性。与人交往，往往会拿出全部热情，但受挫时又容易消沉失望。这类人最多，约占总数的40%，在运动员、行政人员中较多，其他各种职业中也都有。

情感型人的特征：情感丰富，喜怒哀乐溢于言表，别人很容易了解他的经历和困难；不喜欢单调的生活，爱寻找刺激，爱感情用事；讲话写信热情洋溢，在生活中喜欢鲜明的色彩，对新事物很有兴趣。在与人交往时，容易冲动，有时会表现出反复无常，傲慢无礼，所以与其他类型的人有时不易相处。这类人约占总数的25%，在演员、活动家、护理人员中较多。

思考型人的特征：善于思考，逻辑思维发达，有较成熟的观点，一切以事实为依据。一经作出决定，能够持之以恒；生活、工作有规律，爱整洁，时间观念强，重视调查研究和精确性。但这类人有时思想僵化、教条，纠缠于细节，缺乏灵活性。这类人约占总数的25%，在工程师、教师、财务人员、统计人员中较多。

想象型人的特征：想象力丰富，憧憬未来，喜欢思考问题；在生活中不太注意小节，对那些不能立即了解其观点价值的人往往很不耐烦；有时行为刻板，不易合群，难以相处。这类人不多，大约占总数的10%。在科学家、

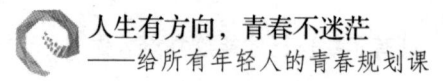

发明家、研究人员和艺术家、作家中居多。

针对上面这些内容，你对比参照一下自己，看看自己是属于哪一种性格类型的人，然后你才能进行下一步的人生规划。俗话说，知己知彼，百战不殆。对人来说，这个道理同样适用，你只有先把自己搞清楚了，弄明白了，你才能知道自己该走哪条路，进而去规划自己的人生。

心鉴：人要想全面了解自己，首先应该从了解自己的性格类型开始。俗话说性格决定命运，不了解自己性格的人，也将难以把握住自己的命运。人只有了解了自己性格上的优缺点，才能在进入职场前，找到适合自己的工作岗位，才能做到扬长避短，让自己的职业生涯有一个好的开始。

先弄清楚自己想要什么

世界上每个人兴趣爱好不一样，想过的生活因此也不一样。有的人喜欢过快节奏生活，他们做事注重效率，作风雷厉风行，但是他们的生活也往往充满竞争和压力，充满挑战；有的人喜欢过平淡无奇、波澜不惊的生活，他们认为无拘无束、自由自在的生活状态很惬意，他们不喜欢竞争和挑战，不喜欢压力。当你在进行人生规划时，就要先问问自己：我想过哪种生活？是充满压力的，还是平淡无奇的？你只有搞懂自己最想要的东西是什么之后，才能知道该怎样规划自己的人生。

世上永远都没有十全十美的人和事，如果你想得到完美无缺的东西，结果你肯定会感到失望。只有在认清形势的情况下，我们才能做出正确的判断。

王娟娟刚从学校毕业半年，在学校里她学的专业是会计电算化，毕业后她找到一份文秘的工作。"不知道是不是因为自己文字功底太差，老板总是对我起草的文案不满意。有次负责会议安排，还把人家名字搞错了，通知到了别人。老板为此大骂了我一顿，真是气死人了。"

因为工作上接二连三地出现错误，让她精神压力陡增，"这几天晚上睡觉都会梦见被老板骂，晚上睡不着白天也害怕起床，有时真不想去上班了，可还得生活啊，怎么办！"

相信很多人都有过王娟娟的职场经历，她对工作的恐惧和害怕，相信很多人都深有体会。对此一位著名心理咨询师说，人在工作上的不顺利主要有两个原因：首先你要仔细想一下自己是否适合这个工作，其次就是你的自信心是否足够，这时你需要尽快度过磨合期，注意每天醒来要给自己打气，增强自信。

对工作压力的苦恼，已经成为很多职场人的通病，可以说几乎每一份工作都有压力和挑战，关键看你抱着什么样的态度去对待它。

新年的第一天，李强就拖着疲惫的身子，趴在公司的办公桌上。此时他的心里难受极了，新年第一天就他一个人在公司里加班，还要处理很多事情。别人都在这一天出去购物游玩，自己还要在公司里加班，想想李强心里就来气。可是为了生活他也没有办法，老板已经在他面前警告过好几次公司要裁员。李强感觉工作上的压力真的是越来越大了。

李强上班的公司是私企，他在工作上的压力，主要来自于工作量大、工作任务繁重，需要经常加班。既然私企的员工要经常加班，要经常忍受工作中的压力，那么国企的员工情况怎样呢？

朱心伟参加工作五年多了，在一家大型国有企业工作，收入还不错。他工作中的压力主要来自两个方面：一是工作任务太多，没有头绪的时候，不

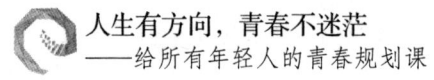

知道先干什么，后干什么，心里好发慌；二是刚踏入社会，人际关系处理得总是不太好，不是这方面有问题，就是那方面有问题，搞得自己心情很郁闷。面对这些压力，朱心伟最好的办法是睡大觉，忙完了蒙头就睡。虽然睡梦中没有压力，不会心情烦躁和郁闷，然而醒来还是烦闷。有时他就听听音乐、写点东西以缓解内心的压力，这个药方虽然有用，但还不能药到病除。直到有一回朱心伟在网吧里发现一款叫做反恐精英的游戏时，他才彻底找到了治疗压力的良药。

那天朱心伟因为一件工作没做好，被领导批评了，心情很差。下班后他就在路灯初亮的大街上游荡，当他路过一家网吧时，无聊而又沮丧地走了进去。进去以后朱心伟发现里面的人有上网聊天的，有看新闻的，有发帖子灌水的，但是有更多的人在打一种游戏，端着枪，在枪林弹雨中冲锋陷阵，而且是团队作战。朱心伟看了一阵后，就要了一台电脑，在网管的指导下玩了起来。当朱心伟从网吧里出来时，已经是深夜了，这时他突然发现不愉快的情绪已经烟消云散了。从此，朱心伟和反恐精英游戏就交上了朋友，压力大时，感到身心疲惫时，人际关系紧张时，他就上网打反恐精英游戏。一场游戏下来，他的心情也就立即好了。

最近朱心伟打反恐精英游戏已经很少了，看来他应对压力的能力已经提高了。

从朱心伟的身上我们可以看到，只要一个人身在职场，那么承受一定的职场压力则是不可避免的。可以说只要你选择了工作、选择了职场，你就得面对充满压力的生活，如果你选择了这样的生活，就要做好迎接压力的心理准备。

虽然现代生活充满了压力，但是如何才能让自己活得轻松、舒畅、自由自在就是我们自己的事情了。下面就提供32种解压办法供你参考：

（1）喝橙汁：最新研究发现，每天补充足量维生素C有助降低人体应激激素水平。研究人员建议，每天喝两杯约 250 毫升的橙汁，不仅满足身体对维生素 C 的需求，还能降低压力。

(2) 接电话前深呼吸：在手机上做个记号，比如用不干胶剪个漂亮的绿点贴上，提醒自己接电话前做个深呼吸。这是一个放松秘诀，既能减压，又能让你的声音听上去更自信。

(3) 发言之前安静微笑两秒：微笑着看看观众，保持安静两秒钟，可以放慢速度，让观众更舒服，同时缓解紧张情绪。

(4) 熨衣服：熨烫衣服的重复性动作让你进入一种出神状态，使大脑处于"自我运行"模式，排解压力思绪。

(5) 多人一起喝咖啡：很多人喜欢喝咖啡解压，但英国研究人员发现，独自饮用咖啡难以消除紧张焦虑或神经过敏，而与一群人一起喝，则会使压力消退。

(6) 高强度运动 33 分钟：美国密苏里大学一项研究发现，33 分钟高强度锻炼最有助于减压。使劲蹬自行车以及猛击沙袋等，都是不错的选择。

(7) 给植物浇水：烦恼时给植物浇点水。研究表明，置身植物世界 10 秒钟，就可产生巨大的心理放松。

(8) 上下班选绿化好的路走：道路绿化景观优美，有益行人平静情绪，减轻压力。

(9) 及时道歉：坦陈自己的错误或者对别人的伤害，并及时道歉，有助于缓解紧张气氛，减轻压力。

(10) 换冷色窗帘：爱发脾气的人，家里最好选择绿色或蓝色等冷色调的窗帘，冷色更具安慰和平静心情的作用。

(11) 擦亮皮鞋：步行有助减轻受挫感，但出门前一定要擦亮皮鞋，皮鞋擦得越亮，自信就越强。

(12) 害怕的事提前做：对于不愿意做的事，比如医疗检查、与讨厌的

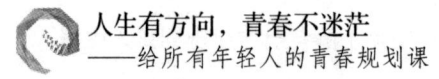

人见面,晚做不如早做,可以避免更多压力。

(13)说"现在放松":关起门来,调大音响音量,自言自语6分钟"现在放松",同时进行深呼吸。

(14)给朋友打电话:工作太忙时,反而应让工作节奏慢下来,给朋友打个电话、短暂休息一下,有助减轻工作压力,让自己感觉可以完全驾驭工作。

(15)提前10分钟:上班或赴约时,一定要提前10分钟出发,路上一旦堵车,就不会给人造成巨大的压力。

(16)握住爱人的手:亲密接触可降低血压和心率,进而减压。10分钟的握手就能让你心情更放松。

(17)戒烟:抽烟能诱发大脑释放多巴胺,起到放松作用,但欧洲研究发现,多巴胺水平下降时,如果不继续抽烟,你就会感受到更大的压力,因此最好还是戒烟。

(18)解雇员工前思考15分钟:很多公司高层在解聘员工前会产生负疚感,这时候用15分钟让自己冷静一下,想明白这是员工自己的错或公司不得不裁员,而不是你的错。

(19)吃点全谷物食物:燕麦、玉米等全谷物食物有助于提高大脑中的血清素水平,减少抑郁、焦虑和攻击行为。

(20)消耗体力:压力大时应该改变思路,想想"我精力旺盛,能做很多事",然后搬运东西或猛干家务,体力消耗后就会觉得压力消失。

(21)工作时听音乐:边工作边听音乐有助减轻工作压力,还能减少患感冒几率。

(22)喝一大杯凉白开:凉白开不仅可补充体液,还能有效缓解压力。

(23)想象最坏的结果:与人发生冲突时,事先想到可能会导致号啕大哭、尖叫及辩解等结果,有助于减少压力。

（24）闻香味：日本研究人员发现，柠檬、橘子、杧果等水果和熏衣草等植物的香味，能改变基因活动和血液中的化学物质，帮助人们减压。

（25）遇事多往好处想：孩子得了感冒肯定让人不开心，不过要想到值得庆幸的是，这并不是什么大病。从压力中看到光明的一面，有助于缓解紧张情绪。

（26）运动间休息：运动过度实际上会导致压力。过量运动会增加血液中细胞激素水平，进而诱使大脑过量分泌皮质醇。

（27）爬山、远足、游泳：这些运动不仅增强体质，也有助于减压。因为室外活动、高海拔地区的负离子有助放松身体，游泳有益减少腿部淋巴液，消除不适和易怒等毛病。

（28）对恼人行为保持沉默：专家建议，当他人想惹恼你的时候，告诉自己选择冷静。对恼人行为置之不理可变被动为主动，进而有助减轻压力。

（29）保持清醒30分钟：失眠时"以毒攻毒"，试试自己能否坚持"30分钟绝对不睡"。这一妙招会让你从压力中解脱出来，很快进入睡眠状态。

（30）变压力为游戏：美国电影《美丽人生》中，爸爸告诉孩子集中营的生活只是一场游戏。事实证明，压力大时将它想象为游戏确实有助于放松身心，找到更好的解决办法。

（31）与宠物相伴：有宠物相伴比与人相伴更能排解孤独，减轻压力。

（32）原谅他人：换位思考，想想别人的难处有益减轻自己的压力。

生活没有十全十美的，有所得就会有所失，如果你想过充满压力的生活，那么你的日子可能就会过得很辛苦，甚至很累。你会从工作上得到金钱和地位，但你也可能因此失去宝贵的时间和健康。

如果你想过一种平淡无奇的生活，那么你就应从繁忙的工作中脱出身来，你会暂时失去金钱和地位，可你也将得到大把空闲的时间，也让你的健康有了保证。

你想过哪种生活，选择权就在你手里，没有人会干涉你。有人说，平平淡淡才是真，当你感觉生活变得压抑和苦闷的时候，你不妨选择放手，换一种平淡的生活方式未尝不是一件好事。

花有花的芬芳，草有草的气息，花以艳丽悦人，草借绿意夺目。世界也许很平淡无奇，但是你也可以在平淡中品出隽永的味道。在这里我要说的是，平淡无奇并不是寡淡无味，而是有着淡淡的悲欢离合、淡淡的喜怒哀乐。

在平时的生活中，能让自己拥有一份淡淡的情愫，过着淡淡的充满闲情逸致的生活，那也是人生一种悠然自得的美丽！在平常、平凡、平淡的人生中，让自己的生命鸣唱出最美妙动听的天籁之音，那是生命多么珍贵的闪耀啊！人生，不温不火的淡，是一种人生心态，欲望无止境，应淡定而从容。

平淡无奇的生活，就是能做到宠辱不惊，闲看庭前花开花落；去留无意，看天外云卷云舒。轻描淡写无重彩，若有若无的淡，更能给人遐想无限的空间。淡淡的我、淡淡的生活、淡淡的爱、淡淡的情、淡淡的心、淡淡的乐，安逸于淡淡的人生。

如果你想过一种平淡无奇的生活，那就让一份恬淡的心情永远陪着你吧，不管外面的风风雨雨、惊涛骇浪，不管世事变幻、沧海桑田，你就永远这样平平静静地生活，平平安安地做事，平平淡淡地做人，不企望流芳溢彩，不奢望艳冶夺人，给生活以一丝坦然，给生命一份真实，给自己一份感激，给他人一份宽容。如此，你也许更能体会生活的意义和生命的价值！

平淡的日子最美，平淡的日子最真。只要人甘于平淡，快乐就很容易。

在中国很多人大学毕业才短短三年多，工作就已经换了四五份，每一年都会有一些新的变化。相比之下，这样的生活方式在瑞典却是不多见的。在我们看来，大多数瑞典人的生活只不过是对上一年的重复而已。他们按部就班地上学、工作；每天都做着几乎同样的事情，拿相同的薪水，交相同的税；算算工作天数，觉得到了该休息的时候，就放下一切外出旅游；按部就班地结婚、生子，和家人亲戚定期聚会，朋友的圈子也不会有太大的变化；住在略显陈旧却设施完好的公寓里，一辆汽车开20年；习惯性地读同样的报纸杂志，电视里的同一部情景喜剧已经连续看了15年；每天面对着同样的城市、同样的街道，摇摇晃晃地坐着那些已经有些年头的通勤火车上班下班……

这就是瑞典人的生活：平淡、无奇，缺乏新鲜感。但瑞典人说，简单、平淡，是他们最渴望过的生活。是啊，世界这么大，每个人都有权利选择自己想过的生活方式，瑞典人这样过日子有什么不好呢？

在这个世界上，无论你想过哪种生活，你都应该认真地过好自己的每一天。无论你的生活是充满压力的，还是平淡无奇的，日子却是自己的，都应该让自己过得舒心和舒服，过得畅快，这才是最重要的。

心鉴：一个人想过什么样的生活，是可以由自己选择的。也许你无法选择自己的出身，但是你可以选择自己想过的生活。生活有充满压力的，有平淡无奇的，不管你选择哪一种，都要让自己活得开心，活得有意义，这才是最重要的。

明确自己到底合适哪种类型的职业

今天社会分工很细，适合从事的职业有很多种，那么你究竟适合哪种类型的职业呢？俗话说，三百六十行，行行出状元。只要你能找到自己喜欢的职业，然后你通过努力可以把它做好，那么这份职业就是适合你的。

下面提供一份性格类型测试题，你把这几道题做完就能知道自己的性格到底属于哪一类型了。每一题中有4个选择，最符合你的情况为4，其次填3，再次填2，最不符合的填1。

（1）给别人留下的印象可能是——

A. 经验丰富　B. 热情　C. 灵敏　D. 知识丰富

（2）我按计划工作时，我希望这个计划能够——

A. 取得预期效果，不要浪费时间和精力

B. 有趣，并能和有关人一起进行

C. 计划性强

D. 能产生有价值的新成果

（3）我的时间很宝贵，所以总是首先确定要做的事情——

A. 有无价值

B. 能否使别人感到有趣

C. 是否安排得当，按计划进行

D. 是否考虑好了下一步计划

（4）对我来说，最满意的情况是——

A. 比原计划做得多

B. 对别人有帮助

C. 通过思考解决了一个问题

D. 把一个想法和另一个想法联系起来了

（5）我喜欢别人把我看成是一个——

A. 能完成工作任务的人

B. 充满热情和活力的人

C. 办事胸有成竹的人

D. 有远见卓识的人

（6）当别人对我无礼时，我往往——

A. 立即表现出不快

B. 心情不快，但能很快消除

C. 谴责对方

D. 不去理他，考虑自己的事情

填好以后，把六个问题中 A、B、C、D 四项的分数分别相加，得出四个总分数。分数最高的一项，就是你的性格的基本类型。即：

A. 感觉型　B. 感情型　C. 思考型　D. 直觉型

下面说说这四种类型的人都有哪些不同的特点，供你参考和学习。

（1）感觉型：这类人精神饱满，好动不好静，办事爱速战速决，但是行为常有盲目性，与人交往时，往往会拿出全部热情，但受挫折时又容易消沉、失望。这类人最多，约占 40%，在运动员、行政人员等各种职业中均有。

（2）感情型：这类人感情丰富，喜怒哀乐溢于言表，别人很容易了解其经历和困难，不喜欢单调的生活，爱刺激，爱感情用事，讲话、写信热情洋溢。在生活中喜欢鲜明的色彩，对新事物很有兴趣，与人交往中容易冲动，有时易反复无常、傲慢无礼，所以与其他类型的人有时不易相处。这类人约占 25%，在演员、活动家和护理人员中较多。

（3）思考型：这类人善于思考，逻辑思维发达，有较成熟的观点，一切以事实为依据，一经做出决定，能够持之以恒。生活、工作有规律，爱整洁，时间观念强，重视调查研究和精确性，但这类人有时思想僵化、教条、纠缠细节、缺乏灵活性。这类人约占 25%，在工程师、教师、财务人员和数据处理人员中较多。

（4）直觉型：这类人想象力丰富，憧憬未来，在生活中不太注重小节。

对那些不能了解其想法价值的人往往很不耐烦，有时行为刻板、不易合群，难以相处。这类人不多，大约占10%，在科学家、发明家、研究人员和艺术家、作家中居多。

另外，美国有一位很著名的心理学家，他把人的性格大致划分为六种类型，分别与六类职业相对应。如果你具备其中某一种性格类型，你便易于对这一类职业发生兴趣，也适合从事这种职业。下面就让我们看看人的性格有哪六种类型，不同类型的人都适合哪些工作，这样也给你在职业选择上提供一个参考。

（1）现实型：现实型的人喜欢有规则的具体劳动和需要基本技能的工作。这类职业一般是指熟练的手工业行业和技术工作，通常要运用手工工具或机器进行劳动。

这类人往往缺乏社交能力。现实型的人适于做工匠、农民、技师、工程师、机械师，鱼类和野生动物专家、车工、钳工、电工、报务员、火车司机、机械制图员、电器师、机器修理工、长途公共汽车司机。

（2）研究型：研究型的人喜欢智力的、抽象的、分析的、推理的、独立的任务。这类职业主要指科学研究和实验方面的工作。这类人往往缺乏领导能力。

（3）艺术型：艺术型的人喜欢通过艺术作品来达到自我表现，爱想象，感情丰富，不顺从，有创造性，能反省。艺术型的人缺乏办事的能力，适于做室内装饰专家、摄影家、作家、音乐教师、演员、记者、作曲家、诗人、编剧、雕刻家、漫画家。

（4）社会型：社会型的人喜欢社会交往，常出席社交场所，关心社会问题，愿为别人服务，对教育活动感兴趣。这类人往往缺乏灵活性。

社会型的人适于做导游、福利机构工作者、社会学者、咨询人员、社会工作者、学校教师、精神卫生工作者、公共保健护士。

（5）企业型：企业型的人性格外向，爱冒险活动，喜欢担任领导角色，具有支配、劝说和言语技能。这类人往往缺乏科学研究能力。

企业型的人适于做推销员、商品批发员、进货员、福利机构工作者、旅馆经理、广告宣传员、律师、政治家、零售商等。

（6）传统型：传统型的人喜欢系统的、有条理的工作任务，具有实际、自控、友善、保守的特点。这类人往往缺乏艺术能力。

传统型的人适于做记账员、出纳、成本估算员、核对员、打字员、办公室职员、统计员、计算机操作员、秘书、法庭速记员等。

关于职业，永远都是一个敏感的话题，因为它给我们带来的东西实在是太多了，它关系到我们将来的生活质量和生存环境。如果你对于自己究竟该选择一份什么样的职业还心存迷茫的话，你可以参考一下"2007年中国最好的十个职业"这份调查资料，为自己选择职业做进一步的参考和比较。

2007年中国最好的十种职业排名：

（1）销售（顾问型销售）

提名理由：在每一个发展正常的公司，销售人员开的车都比老总的好。千万别因为各个行业销售人才缺口很大就一脚踏进来，专家们说，做到了顾问型销售的人才是一流的，并非人人都能达到这一级别。

（2）IT工程师

提名理由：无论是熬夜干活的"软件工人"还是闲着数辆保时捷跑车没时间开的金领新贵，这个行业给了每个从业者均等的朝阳曙光。

（3）建筑设计师

提名理由：房地产有多热，建筑设计师就有多热。更何况，他们的衡量标准不是工作量，而是创意。国内高级建筑设计师的年薪在30万～100万元人民币之间，那些因为一项设计而改变城市面貌的设计师的年薪则更不可计算。

（4）高级技师

提名理由：哪所大学能培养出高水平的汽车修理工？培养出一个高技术的蓝领会比写字楼里案头工作的白领更有价值。因为他们并非理想中工作的主流，高级技师已经成为稀缺资源。

（5）公务员

提名理由：100万人争考公务员的场面已经很能说明问题了，一个来自清华大学的应届生说：前几年，几乎所有同学都一窝蜂考托出国，现在大家都忙着备战公务员考试。公务员的工资可能不吸引人，但"有钱难买我得闲"。

（6）职业经理人

提名理由：职业经理人，这个游戏只适合有才能有野心的人玩。在这个职业，你有权调配手中资源和千军万马；有可观的收入，有受人尊重的理由，有实现价值的平台。

（7）人力资源总监

提名理由：21世纪最贵的是什么？人才？非也！发现人才的人。千里马易得，伯乐难求。人力资源部门的位置正在上升为组织管理者的重要战略合作伙伴。

（8）投资经理

提名理由：首先，只有极少一部分人才能成为投资经理；其次，优秀的投资经理永远是被钱追着跑；最后，生产工具只有一副头脑而已。投资经理目前的人才缺口为3万~5万，未来三年的需求量将成倍增长。

（9）咨询业项目经理

提名理由：未来几年的咨询行业必然会以高于两位数的速度高速增长，需求无可估量。而他们本身的要求非常高：集专业能力和管理能力于一身。资深的咨询顾问年薪可达10万以上，高级项目经理的年薪则在30万~50万

(甚至更高)。

(10) 律师

提名理由：随着我国法制建设进程的不断推进，律师这个行当的社会需求越来越多，而律师的收入也高居职业排行前列。这类职业年薪收入在10万~100万之间浮动。一句话，供给多，需求更多。

现在你应该对自己喜欢哪一种类型职业，做到心中有数了吧？不过光知道自己喜欢哪一种类型的职业还是远远不够的，你还要把自己对某一种职业的兴趣发扬光大，这样你才能有所收获，得到你想要的东西。

心鉴：职业的类型有很多种，只有你感兴趣的类型对你来说才是最重要的。然后，在自己感兴趣的行业里，反复地实践、锻炼，这对你今后的发展很有帮助。

根据自己的性格来规划职业生涯

我们知道，世界上每个人都是不一样的，每个人的性格都是独特的、唯一的，就像世界上没有完全相同的两片树叶一样，上天在造人时也从来都没有重复过。人都有开朗、活泼、坚强、懦弱等不同的性格，每个人只有根据自己的性格特点，选择适合自己的工作，才能找到一条适合自己发展的职业道路。

每个人的性格都是不一样的，因此每个人身上所具备的优势也不一样。很多人常常羡慕别人的成功，常常觉得别人是多么优秀。其实，我们大可不

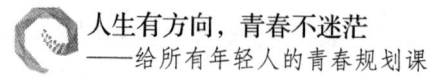

必羡慕别人，与其花费那个时间，花费那个精力，还不如好好审视一下自己，对自己的性格做一个全面的了解，根据自己的性格特点去找适合自己的职业，找到适合自己的位置，这样你也能成为别人羡慕的对象。

在今天这样一个时代，无论在什么时候，我们都应该清醒地活着，清楚地了解自己。人生就像一个汪洋大海，我们都是驾驭着自己命运之舟的舵手，为了能顺利、圆满地驶向彼岸，我们真的需要对自己有一个全面的了解。如果你对自己的性格不够了解，就会像不够了解自己船只的船长一样，在大风大浪面前你会拿不定主意：我是应该避开呢，还是应该破浪前进？

关于认识自己，了解自己这一点，我们也许真的应该向战国时期的邹忌学习一下。

战国时期，齐威王的相国邹忌长得相貌堂堂，身高八尺，体格魁梧，十分漂亮。与邹忌同住一城的徐公也长得一表人才，是齐国有名的美男子。

一天早晨，邹忌起床后，穿好衣服、戴好帽子，信步走到镜子面前仔细端详全身的装束和自己的模样。他觉得自己长得的确与众不同、高人一等，于是随口问妻子说："你看，我跟城北的徐公比起来，谁更漂亮？"

他的妻子走上前去，一边帮他整理衣襟，一边回答说："您长得多漂亮啊，那徐先生怎么能跟您比呢？"

邹忌心里不大相信，因为住在城北的徐公是大家公认的美男子，自己恐怕还比不上他，所以他又问他的妾，说："我和城北徐公相比，谁漂亮些呢？"

他的妾连忙说："大人您比徐先生漂亮多了，他哪能和大人相比呢？"

第二天，有位客人来访，邹忌陪他坐着聊天，想起昨天的事，就顺便又问客人说："您看我和城北徐公相比，谁漂亮？"客人毫不犹豫地说："徐先生比不上您，您比他漂亮多了。"邹忌如此作了三次调查，大家都一致认为他比徐公漂亮。可是邹忌是个有头脑的人，并没有就此沾沾自喜，认为自己真的比徐公漂亮。

恰巧过了一天，城北徐公到邹忌家登门拜访。邹忌第一眼就为徐公那气宇轩昂、光彩照人的形象怔住了。两人交谈的时候，邹忌不住地打量着徐公，他自觉自己长得不如徐公，为了证实这一结论，他偷偷从镜子里面看看自己，再调过头来瞧瞧徐公，结果更觉得自己长得比徐公差。

晚上，邹忌躺在床上，反复地思考着这件事：既然自己长得不如徐公，为什么妻、妾和那个客人却都说自己比徐公漂亮呢？想到最后，他总算找到了问题的答案，邹忌自言自语地说："原来这些人都是在恭维我啊！妻子说我漂亮，是因为偏爱我；妾说我漂亮，是因为害怕我；客人说我漂亮，是因为有求于我。看起来，我是受了身边人的恭维赞扬而认不清真正的自我了。"

邹忌所经历的困惑也告诉了我们这样一个道理：人要是不能够清楚地了解自己，就会迷失在别人或环境制造的假象中，不能作出准确的判断。而周围的人为了各种各样的目的，是很乐意给我们制造这种假象的。

在这个世界上，那些能清楚地了解自己的人，知道自己什么事可以做，什么事不可以做；可以做的事情，他们懂得怎样去做好，不可以做的事情，他们懂得怎样采取对策。

每个人都是唯一的，都是独一无二的，每个人的性格及其特点都是不一样的。我们的任务就是找到自己性格上的优势和优点，然后结合自己的兴趣爱好去选择适合自己的职业。

不过性格本身并无好坏之分，但性格类型与职业类型的匹配度，却能决定我们事业的成败。在现实职场中，一个人因为性格与职业的不相匹配而导致自己工作失败的例子数不胜数，这已经成为很多职场人士关注的问题之一。所以，在你进行职业选择的时候，在你还没有进入职场前，很有必要认清自己，根据自己的性格选择适合自己的职业，并规划好自己的职业生涯，这真的是一件很重要的事。

性格对我们从事的职业有很大影响，每个人性格不同所以适合从事的职业也不尽相同。所以，当你考虑或选择职业的时候，不仅要考虑自己的职业兴趣和职业能力，还要考虑自己的职业性格特点，考虑职业对你的性格要求，考虑你的性格对你的职业的影响，从而根据自己的性格特点找到最适合自己的工作。

比如，在我们身边有些人非常擅长跟物打交道，这样的人就很适合做实际性的工作，有些人很善于跟人打交道，这样的人就很适合做公关、业务方面的工作。而那些性格活泼的人，就比较适合做具有挑战性的工作，性格内向的人，就适合做一些相对稳定的工作。

准确判断自己的职业性格，选择好职业生涯的方向，是一个人开始职业生涯的第一步，同时也是很关键的一步。如果你很不了解自己的职业性格，全凭你的直觉与机会，那么你即使找到了工作也可能是你既不喜欢又不适合的，这会影响到你一生的职业命运。等到发现自己不喜欢当前的工作想跳槽时，你已经走了很长一段弯路了，你浪费了自己那么多宝贵的职业发展时间，岂不是很可惜吗？

那么，怎样根据自己的个性来规划自己的职业生涯呢？

首先，你需要正确测定自己的个性，要了解"性格与职业定位"之间的关系，借助科学的手段来了解自己的性格特征。同时，你还需要专业的知识、技能、兴趣、价值观以及理念等因素的支撑，才能更好地胜任工作。

其次，了解自己的性格，并根据自己的性格特点来规划职业生涯。在日常生活中，有很多人参加工作后还是不断抱怨："我很不喜欢自己现在的工作啊！"从而怀疑自己选错了职业、入错了行业。其实，这主要是因为这些人在参加工作前就没有做好职业规划，所以我建议有这种想法的人先不要急于转行或转换职业，要先问问自己：我的性格与目前的职业相匹配吗？要知道，如果你想最大限度地实现自身的价值，提高自己的工作能力，你就必须得闯过这关,你就必须得找到和你的性格相匹配的职业。不然你只能陷入到"跳槽再跳槽"的恶性循环中去,这其实就是在浪费自己的生命。

一个人只有当他做着和自己的性格相匹配的职业时,他才能发挥出自己的潜能。所以,对自己进行自我审视和性格评估,了解自己的职业气质、能力,分析自己的优势和劣势,结合自己的教育背景、工作经验,在专业人士的指导下好好地规划自己的职业生涯,这真的是你迈向成功人生的第一步!

心鉴:职业的意义在于它适合你,可以给你的生活带来实实在在的好处,还可以帮你实现人生价值。搞清楚自己的性格,明白自己性格上的优势,然后找到与之相适应的工作岗位,这是你走好自己职业人生的第一步。

好的人生是需要规划的

人的一生是宝贵的,也是很短暂的。在我们周围能活到 100 岁的人凤毛麟角,即使你能长命百岁,也只有 36500 天。一个人在其一生中,除去成长和学习的时间,用于正式工作的时间不过 30 年左右,再去掉三分之一的睡眠时间和三分之一的吃饭、娱乐时间以及节假日等,人的一生真正为社会做贡献的时间不过数千个工作日。

既然我们为社会做贡献的时间很短暂,如果在这么短的时间里再糊糊涂涂过日子,往往是空等闲白了少年头,枉过一生,无所作为。所以为了珍惜生命,我们就要珍惜自己的时间,而珍惜时间的最好办法就是:在日常生活中,要对人生进行一步一步的规划。规划好我们的人生,就等于珍惜了我们

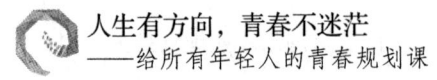

人生有方向，青春不迷茫
—— 给所有年轻人的青春规划课

的生命，也等于延长了我们的生命。

俗话说，"凡事预则立，不预则废"。可见好的人生是需要规划的，具体说就是过日子需要一步一步地规划，有合理的规划，我们才能有收获，否则我们的人生可能就会混乱不堪。

美国哈佛大学曾对在校学生做过一次调查，发现没有人生目标的人有27%，目标模糊的人有60%，短期目标明晰的人有10%，长期目标明晰的人只有3%。若干年后，追踪调查的结果表明，第一类人几乎都无所作为，生活在最底层，经常在失败的阴影中挣扎；第二类人生活在中下层；第三类人大多进了白领阶层；只有第四类人为了实现既定的目标，几十年如一日，积极进取，顽强拼搏，百折不挠，最终成为了亿万富翁、行业领袖或精英人物。这就应了一句话，"有志者事竟成"。

人生需要规划，越早规划越早受益，人生规划也要结合自己的兴趣、爱好和理想，一步一步地形成人生的总体规划设计。

我国乒坛名将邓亚萍，从小就立志要争先创优。进入乒坛则立志战胜对方，经过反复艰苦磨炼，胜不骄，败不馁，终于一步步地实现了预先设想的目标。在乒乓球领域圆满完成为国争光的任务后，紧接着去实现学业上的新目标，完成学士、硕士学位的学习后，在继续进修博士学位的同时参加了新的工作，为交叉实现工作上和学业上的新目标而奋斗。可以说邓亚萍的人生规划都如期实现了。

那么对于普通人来说，应该怎样进行人生规划呢？在此给你提供几点建议和意见，供你参考：

1. 确定人生目标

所谓主要人生目标，就是一个你终生所追求的固定的目标，你生活中其他的一切事情都围绕着它而存在。对于一些人来说，这个工作是一个自我发现的愉快的过程；但对于另一些人来说，它也许就是一个痛苦的过程。因为他们需要把其心绪拉回到年少时代，在那个时候他们还没有对自己所怀抱的梦想产生疑惑。为了找到或找回你的人生主要目标，你可以问自己几个问题，比如："我是谁？""我想在我的一生中成就何种事业？""临终之时回顾往事，一生中最让我感到满足的是什么？""在我的日常生活中是哪一类的成功最使我产生成就感？"

这么做你很快就能知道你的终极目标是什么了，但是大多数人却不是这样的。他们在找到自己的终极目标之前往往需要在不同的场合对自己重复上面的这些或其他类似的问题。建议你每一次向自己提出这样的问题的时候，随意地记下你的所得。开始的时候，它们可能没有什么意义，但是多次的累积会让你茅塞顿开。

2. 进行人生规划

当你能够用一个简单的句子表达出你的人生目标时，那么你就该着手准备实现这个目标了。在这方面，职业的选择就是你所要着重考虑的问题，你应该知道，学历只是一个工具，是帮助你实现终极目标的工具。你规划自己将来职业的重要性，就像将军筹划一场战役一样，也像一个足球教练确定一场重要比赛的作战方案一样。

不过你应该切记：只要你还没有到安享晚年的地步，任何时候开始你的人生规划都不为晚。无论你是刚入职场的年轻菜鸟，还是在职场工作了十几年的熟人，任何时候都是你进行人生规划的好时机。

3. 思考具体细节

在弄明白了你的努力将会帮助你实现人生更大的目标之后，你应该着手考虑你的人生规划中的具体细节了。你需要有一个详细的个人工作、生活发展计划。这个计划可以是一个三年的计划，也可以是一个五年的计划。不管它是属于哪种时间范围内的计划，它至少能够回答如下问题：首先，我要在未来三年或五年内实现什么样的个人具体目标？其次，我要在未来三年或五

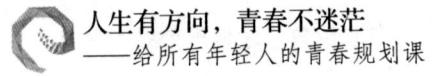

年内用怎样的方式实现？

对于这些问题的回答将给你提供一份有关你自己的短期或长期目标的清单，在形成这些目标的过程中，不要纯粹地依靠逻辑思维。这一类的抉择，需要发挥你的创造力，应该把你的情绪、价值和信仰等因素全部都调动起来。

4. 思考如何达到目标

在形成了上面具体的长、短期目标之后，你应该策划一下将如何去达成它们。比如，你现在是一个公司里业绩中等的业务员，你的未来三年规划要求你成为一个优秀的营销人员。那么，怎么才能实现你的目标呢？如果你能够回答好如下的各项问题，那么你就应知道自己该怎样做了。这些问题是：①我需要哪些特别的技能训练才能使我有资格做一名优秀的营销人员？②我该学习书本上的哪些有关知识？③为使自己营销顺利，我需要排除哪些人际关系上的障碍？④我目前的师傅在这方面能给我提供多大的帮助？⑤在目前的这个公司里我最终成为优秀营销人员的可能性有多大？与本部门比起来，我在其他部门会是什么位置？⑥优秀营销人员的标准是什么样的？

5. 行动

这是所有步骤中最艰难的一个步骤，因为它要求你停止梦想而切实地开始行动。我们知道良好的动机只是一个目标得以确立和开始实现的一个条件，但不是全部。如果动机不转换成行动，动机只能是动机，目标也只能停留在空想阶段。要想实现人生的终极目标，有两个方面的陷阱需要谨慎避免，一个是懒惰，它是事业成功的天敌；另一个是错误，哪怕是非常小的错误，它都可能让你的所有努力都前功尽弃。

很多人奋斗一辈子都没能完美地实现他们的人生目标，更不用说懒惰和犯错了。如果你想拥有一个无悔的人生，除了认准目标外，还要集中精力全力以赴。在实现人生终极目标的过程中，难免遇到各种障碍和各种诱惑，任何的闪失或偏差都会使你远离你的既定目标。因此如果你想尽快实现你的目标，你就要严格要求自己，尽量少犯错误，甚至不犯错误，只有这样你才能把事情办好。

6. 调整人生目标

不断地修改和更新你的人生发展目标。人生目标的确定往往是基于特定的社会环境和条件的，但是外在的条件也是会发生变化的，因此你的目标也应该及时做出修改和更新。况且这样的目标虽然写出来了，但是并未镶刻在石头上，它的存在只是为你的前进提供一个架构，指示一个方向罢了。你是它的创造者，如果你发现这个目标正把你引向歧途的时候就应更改它。

人生规划设计是一种志向也是一种艺术，其最大收获就是圆满实现远景目标，而远景目标是在不断实现近、中期目标中实现的，因此远期规划必须与近、中期计划相结合，所谓"千里之行，始于足下"。人生规划设计是建立在自知、自信、自悟、自重、自治的基础上的，在规划前你必须了解自己，相信自己，同时还要了解自己所处的主观、客观环境，在知己知彼的基础上，需要对自己合理定位。目标定得太高，力所不及；目标定得太低，失去奋进精神；目标定得适中，经过努力肯定可以实现为最佳。人生规划的根本意义是为自己描绘一个基本符合实际的整体结构，为自己树立一个鲜明的奋斗目标，从而产生一种不达目的不罢休的持久动力，让自己的人生可以得到持续的发展。

相信不少人都看过《李嘉诚传》这本书。李嘉诚小的时候，家里很穷，上不起学，父亲有病早年去世，他一直跟着舅舅打工。14岁的他开始学着做生意，他不仅做事认真，最主要的是做事很有计划性，正是靠着自己制订的每一步人生"计划"，从而使自己一步步踏入了富豪行列，由一个穷孩子变成了世界赫赫有名的大企业家……

有句话说得好："人无远虑，必有近忧。"这句话告诉了我们制订人生规划的重要性。有志不在年高，无论你多大年龄，无论你做什么职业，只要

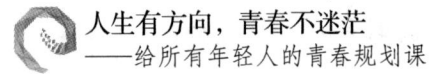
人生有方向，青春不迷茫
——给所有年轻人的青春规划课

你对自己的人生做好了一个个的规划，并根据自己确立的目标，然后去一步步完成它。只要你养成了这样的习惯，那么在不久的将来，你就会发现一个更优秀的自己！

对于一个人来说，无论是工作还是生活，只要你想过得好，只要你想过得有价值、有意义，你就得对自己的人生进行规划，而人生其实也就是一个不断进行规划的过程罢了。凡事有目标有规划，才有实现的可能，这样我们的人生才会变得圆满、充实。

青少年时期的规划主要是学习规划，根据自身的条件，如何在打好基础上下力气，选择好自己的专业方向，圆满完成自己的学业，掌握必要的基础知识，提高自我学习能力、思维能力和创新能力，为以后参加工作、开展业务积累必要的理论修养和实践能力。

青壮年时期的规划主要是事业规划，比如如何发挥自己的聪明才智，施展自己的才华，以及如何用自己的品德和谋略取得最佳的收益等。当然还包括个人的恋爱、婚姻以及持家置业的规划，同时还要有一个继续学习的规划。另外你还必须有一个生命健康规划，这点往往容易被忽视，等到有病时才认识到健康是实现规划的保证就晚了，因为没有健康，其他所有的规划就可能全部落空。在各个行业中，都有英年早逝的案例，这些教训值得我们深思。

老年时期的规划主要是如何实现健康地安度晚年，做到善始善终。生活上安排好是重点，如何做到老有所为、老有所乐、老有所学也很重要。在这些重点当中，首要的是健康，因为老年人的身体一般比较衰弱，如何保养好自己的身体是个大问题。老年人在一起很容易谈论自己的病情，但交流个体生命健康规划的却不多，以为自己的生命主要听天由命、顺其自然。其实现在的老年人可以利用很多条件，规划设计好自己最后阶段的人生，力争做到既基本健康长寿又快乐安宁，生活能自理。老年人需要给自己树立一个明确的晚年目标，向着这个大目标不懈地努力，并不断自我监督、自我反馈、自我修正。在实践中既充分利用现代医学的有利条件，还要学会利用我国传统的养生理论，真正做到"起居有时、饮食有节、情志有控、六欲有度、锻炼有恒"，让自己拥有一个快乐而又健康的晚年生活。

心鉴：不论是工作，还是生活，如果缺少了规划，就会显得混乱不堪，预期目标难以实现。

如果你发现规划实施起来太困难了，建议你从每天的规划做起。把一天中将要处理的事情按轻重缓急进行合理安排，最重要的放在上午做，一般重要的放在下午做。当你一天的规划安排取得效果后，就可以一周为单位进行规划。依次类推，你的规划就能逐渐取得效果了。

第二章 要充分利用潜能

每个人身上都蕴藏着巨大的潜能,我们不能浪费自己的潜能,要学会充分利用自己的潜能。潜能可以给我们带来很多好处:它可以帮你实现你一直想做的事;可以增强你的自信心,可以帮你战胜胆怯、心虚;可以让你变得勇敢,在求职面试的时候脱颖而出。学会利用自身的潜能,可以让你拥有更多成功的机会,它可以帮我们直面自身的缺陷,直到我们把自身的缺陷转化成为一种优势,让我们更具有竞争力。一个善于利用自身潜能的人,他心中的正面影像就可以变成他的未来,让他美梦成真,品尝到收获的甘甜果实。

第二章　要充分利用潜能

充分利用潜能对你是大有裨益的

　　每个人的身上都蕴藏着巨大的潜能，都有着一座巨大的宝藏，都可能创造一个巨大的奇迹。这些潜能足以使我们的理想变成现实。只要我们能坚持不懈地挖掘自己的潜能，不懈地运用自己的潜能，就能做成我们想象不到的事情。充分开发你的潜能，你就会发现潜能将会给你带来很多好处。现在，就让你的"小宇宙"尽情燃烧吧！

　　任何人的成功都不是注定的，成功的根本原因是开发了人的无穷无尽的潜能。人的潜能犹如一座沉睡的火山，蕴藏着无穷的能量，只要你抱着积极的心态去开发你的潜能，就会有用不完的能量，能力就会越来越强。

　　无论你现在是落魄还是辉煌，无论别人怎么评价你，也无论前方还有多少挫折，只要相信自己，相信自己的潜能，就一定能有所收获。

　　一位老大娘坐在大门前注视着一辆卡车，这辆车已经有些破旧了，是他们家最重要的交通运输工具，也是最重要的经济来源。她的儿子正躺在这辆车的下面，车坏了，他必须赶快把它修好，这对于他来说实在是太重要了，因为如果他们没有这辆车将什么都干不了。突然间，汽车翻倒了，老大娘大为惊慌，急忙跑到出事地点。是千斤顶折了，她看到儿子被压在车子下面，躺在那里，很痛苦。

　　老大娘并不魁梧，身高不到160厘米。但是她毫不犹豫地冲过去，把双手

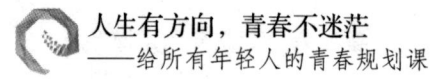

伸到车下，将车子抬了起来。儿子顺利从车子下面爬了出来，安然无恙。

这个时候，老大娘开始觉得奇怪起来。刚才去抬车子的时候根本来不及想一下自己是否抬得动，由于情况紧急她只是拼尽全力去做，结果做到了。她很好奇，就再试了一下，结果发现根本就动不了那辆车子。

老大娘在紧急情况下产生了一种超人的力量，当她看到儿子被压在汽车下的时候，直接反应就是救儿子，一心要把压在儿子身上的卡车抬起来。可以说，是潜意识的力量引发出潜在的力量，让她救了自己的儿子。

爱迪生曾经说："如果我们做出所有我们能做的事情，毫无疑问会使我们自己大吃一惊。"今天，你之所以没有成功，很可能是因为你的潜能还在沉睡，这位熟睡的巨人需要你去唤醒。不管你现在处于什么样的状态，都要相信自己，因为每个人都有机会去充分发挥所长。

人如果能充分开发、利用自己的潜能，将会给自己带来很多好处。其实在我们生命里，很多时候所谓的限制都是从自己的内心开始的，所以说，如果你能突破心理上的束缚，你的潜能才有机会被发挥出来。

世界潜能激励大师安东尼·罗宾为了证明人类的巨大潜能，曾做过下面的实验。

那是一种赤足从火上走过的课程。在整堂课里，所有的学员都必须面对火红炽热的木炭所铺成的"火路"，然后大胆地赤足走过。对于那些没有这种经验的人来说，那是极为骇人的场面，有的人哭叫，有的人腿软了，有的人浑身发抖，甚至有人苦苦哀求免去这种考验。不过最终所有的学员还是得走过这条路，因为没有经历过这场考验的人，就无法在随后的课程中取得最大的突破。

对此，安东尼·罗宾说："我们当中很少有人有过这样的体验，但是有不少人看见过他人赤足走过火路的场面，特别是在寺庙的拜火祭奠中。当我们看见别人平安走过火堆之后，总以为是神明在庇护那些人，或是有人预先

第二章 要充分利用潜能

在火堆中做了手脚,殊不知在妥善安排的情况下,人人都能平安走过。"

根据科学家的观察与测试,发现不需要跑,只要步行的速度足够快,便不容易灼伤脚底。因为脚掌在接触火炭的瞬间,会立即释放出汗水,形成一层绝缘体,在那层汗膜尚未蒸发前提起脚掌,汗水便吸收先前的热量而化为蒸汽消逝,因而脚掌丝毫不会受到损伤。

由于大多数人不了解人体的神奇机能,以无知来对待那些自己视为可怕的遭遇,便容易陷入畏缩不前的状态中。当那些研讨会的学员在咬紧牙关平安走过火堆后,他们的观念发生了巨大的变化。原先认为做不到的事情,自己竟然可以轻易实现,而且毫发无损,这使他们开始相信,原来任何限制都是从自己的内心开始的。而只要善于开发、利用潜能,自己也是可以取得很大成绩的。

大量的事实证明,一个人身上的潜能,一旦被激发出来,将是神奇的、不可思议的,它就像我们生命中另一个潜在的自己一样,在关键时刻能帮助我们渡过难关。所以,当你感到心灰意冷的时候,感到无法胜任,无法坚持下去的时候,你不要先放弃,尝试一下,去开发利用自己的潜能吧,说不定你能遇到一个未知的自己,赢来事情得以好转的机会呢。

我们的身体和我们的潜能是密切协同作战的,你有没有感觉到,在日常工作生活中,如果我们潜意识里认为一件事情会怎样,可能事情最终真的就会那样了?所以说,人的潜能是不可思议的,它会影响我们的工作和生活,而学会利用潜能,可以给我们带来很多好处。当然前提条件是,你想让它为你提供好的服务,而不是给你带来破坏作用。

你有没有觉察到,当你有感冒或其他疾病的症状时,假如你装腔作势地以这样的方式来逃避做某些事,比如你不用去上班、不用去出差了、可以待在家里看电视休息了,但是问题让人感到奇怪的是,你常常在感觉身体不舒服之后,发现自己病得更重了。

在我们身边，如果医生告诉病人，有一种药很可能治愈他们的疾病，这种药对这些病人发挥的功效，就要比使用了相同药方却没有接收到这项信息的病人大了许多。这也说明，一个人如果会利用潜能，将会给自己带来很多好处。

有一篇文章，叙述了作者经历的一件事：

有一次，我曾受托到医院去探望一位朋友。进病房之前，我先到了医护室向医生和护士探询她的病情。一位护士说："她病得挺严重的。"医生也点头说："她病得不轻，可能需要住一段时间院。"走进病房时，我却看到一个完全像"没事"人似的好友。

我说："阿珍，你好，是我，薇薇。"她看见我，兴奋地从病床上直起腰跟我打招呼说："真高兴看见你来啊，我没什么大病，再住几天院我就可以出去了。"

"你说什么？"我问道。

"我过几天就能出院了，我现在只是工作上累的，加上饮食没注意营养，结果病倒了。我在这里调养几天就没事了。"她说。

当时，一位护士来帮她做例行检查，我把护士拉到一边："我以为你说她病得不轻呢。"

护士说："她是病得不轻啊，不吃早餐，导致血压下降，她身上还有其他一些毛病。"

我说："可是阿珍刚才告诉我，她没事，很快就会出院了。"

护士诧异地瞪大了眼睛，来到床边对我朋友说："你血压现在很低，你还有其他的一些病症，你得注意配合医院的治疗方案，不能过几天就出院的，知道吗？"

阿珍微笑着说："好。"

等到护士离开病房，阿珍对我说："我要赶紧给爸妈打电话，让他们来把我接回家，我可再也不想待在这里了，到处都是消毒水的味道。"

"可是医生说你还不可以很快出院啊！"我提出异议。

"我感觉自己没事，回去后我注意锻炼下身体，再加强营养，坚持吃点早餐，就没事了。"阿珍说这话的时候，我看她脸色有几分苍白，心里真的有点替她担心。

我离开病房后，又去找医生问了一次。我说："她确信自己没事。"护士小姐微笑着说："好吧，我们都不轻易相信自己会得病，阿珍也不例外。但她确实血压已经很低了，再这样下去会很危险的。"

半个多月后，我在阿珍的公司大门外，看到了从医院里"潜逃"出来的她，这时她真的是脸色红润，比我上次在医院里见到的模样好看多了，也精神多了。

阿珍的经历告诉我们，一个人如果能充分利用自己的潜能，是可以为自己带来很多好处的。比如阿珍认为自己没事，她的身体也相信了她，于是真的很快康复了。

既然潜能可给人带来很多好处，那么我们该怎样挖掘潜能呢？下面这些方法也许能帮助你。

（1）认识自我。人最难的就是认识自我，认识自我才能战胜自我，相信自己的潜能，相信自己的潜能是无穷无尽的，这样才能尽可能发挥自己的长处。

用自信、积极、愉快的语句来描述你自己。

用明朗、快活、赞扬的字眼来描述别人。

肯定自己的优点，肯定自己的优点是自信的表现。

（2）树立信心。缺乏自信常常是事业不能成功的主要原因。只要自己相信自己，就能发挥出潜能，你就能成为自己希望成为的那种成功者。

尽量挑前面的位子坐。

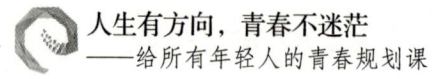

学会正视别人。

把走路的速度加快25%。

练习当众发言、演讲。

咧开嘴大笑,不要怕不雅观。

怯场时,勇敢承认自己,这样能平静下来。

用积极的语气以消除自卑感。

(3) 要有积极的心态。未来是好是坏,不是由命运来决定的,而是由心态决定的。以积极的心态看事情,就能最大限度地激发潜能,相反,消极的心态只会抑制你的潜能!

我们怎样对待别人,别人就怎样对待我们。

我们怎样面对生活,生活就怎样对待我们。

初始心态决定了最后的定位,把自己定得越高,获得的就越多。

从现在开始,不要再让你的潜能沉睡下去,不能再让你的潜力就这样无声无息地消逝!

如果你能做到这些,你就是一个善于利用自己潜能的人。那你还等什么呢,赶紧积极地行动吧,相信你也可以从中获得很多益处的。

心鉴:充分利用潜能虽然可以给你带来很多好处,但是人的潜能只有在人相信自己能做好一件事情的前提下,才会发挥出巨大的作用和能量来。如果你认为自己一辈子都将一事无成,那么你的潜能就会按照你的想法去做,可能就让你真的很平庸地度过一辈子了。所以说,经常对自己进行积极的暗示,是很有必要的。

第二章 要充分利用潜能

无论如何都不能缺少自信

莎士比亚曾经说过:"假使我们自比于泥土,那我们就将真的成为被人践踏的泥土了。"一个人无论在什么时候、什么地方都不要随便否定自己,不要说自己没有本事。放眼芸芸众生,我们只是沧海一粟,渺小如浩瀚大海中的一滴水。可是,渺小并不意味着可怜,渺小也不能随便否定自己。如果自己都随便否定自己,又怎么能要求别人来承认你呢?

一个人缺什么都不能缺自信,自信对我们的影响和塑造作用是巨大的。人没有自信,会变得心虚,到哪里都会变得畏畏缩缩,不能挺直腰杆做人。这样的人,到哪里都不会有出息的,不会获得别人的欣赏,不会取得事业上的成功。一个人如果没有自信,意志力会随时坍塌,整个人甚至也会从此垮掉。可见,一个人如果没有自信,将会给自己带来多么糟糕的影响。

李珊珊上的那所大学,在当地没有一点名气。即使这样,在她来到这所大学的时候还额外地交了一笔钱,原因很简单:虽然这所大学没有什么名气,但是李珊珊的成绩还是差了两分而没有达到录取分数线。这一点让李珊珊在以后的学习生活中感到有些自卑,总觉得自己不如别人。其实李珊珊并不比别人笨,只是学习效果上总是不尽如人意。不过,无论如何,她总算勉强毕业了。

毕业之后,她来到一家公司做文秘。经过一段试用期,她工作非常卖力,也很快就胜任了。公司对她的工作能力给予了肯定,但是在李珊珊看来,那好像只是一种安慰,因为她觉得自己做得并不怎么好。由于不敢面对

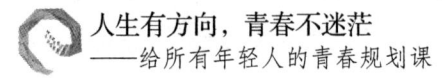

自己的老板，所以她什么想法都不敢说出来，在公司例会表扬她的时候，也把头低得很低，好像害怕别人看到自己内心的秘密一样。

有一次正在上班，李珊珊突然听到经理叫自己。她心里有点疑惑：他叫我干吗？说实话，她自从来到这家公司上班，还没有进过经理的办公室。但是现在没有办法，只好忐忑不安地推门走了进去。"张总，您是找我吗？"她低着头，说话声音小得几乎听不到。

"不要这样，李珊珊，看上去你很紧张！"张总经理看着过于紧张的李珊珊，安慰着说道，"是的，我是找你。在你整理的资料里面，有工商银行行长的电话号码，你把它找出来，然后给他打个电话，告诉他我明天将会去他那里。"

"天哪，让我给一个行长打电话，我怎么做得了啊，我跟他怎么说啊？张总怎么会想起来让我去打这个电话呢？他该知道我做不了的，该怎么办呢？"李珊珊愣在那里，显得非常忧虑。

"还有什么问题吗？"总经理看了一眼李珊珊，问道。

"我……我怕自己……打不了这个电话……"李珊珊的声音更低了。

"为什么？怎么会打不了电话呢？"总经理有些意外地问道。

"我也说不好，就是很紧张，怕自己说不好……"李珊珊红着脸回答。

"哦，原来是这样啊。没事的，李珊珊小姐，我让别人去做好了。"总经理说道。

这件事就这样过去了。有一次，公司来了一位客户，但是大家都非常忙碌，一时间脱不开身来接待这位先生，于是，总经理就让没有重要工作的李珊珊去接待。李珊珊实在没有办法，只好去了。在公司的会客室里，李珊珊紧张地给客人倒上水，请客人坐下，而自己却跑到门外站着去了。

当经理过来后看到这样的情形，立刻就明白是怎么回事了。

后来，李珊珊在周末领取薪水，发现钱袋里多出了一张纸条，上面写着:"李珊珊小姐,我对你缺乏自信的表现很不满意,你现在有两个选择,要么离开公司,要么就想办法让自己充满信心。"李珊珊拿着纸条,呆呆地站了很久很久。

李珊珊的苦恼,对于任何一位初涉职场的新人来说,都可能遭遇到。其实,她完全没有必要这样对自己不自信,要知道在工作中缺乏自信的人是吃不开的,你越畏缩,你害怕的事情越会缠上你。与其最终苦恼,倒不如一开始就放开自己,自由自在地大胆做事好了。即使一时做错了,也不过就挨一下批评而已,总比老是怕这怕那地活着要好吧。

有这样一个故事,世界著名游泳健将查德威克曾经两次横渡英吉利海峡。有一年,她从圣卡塔里利娜岛向加利福尼亚海岸游去,试图创造一个新的世界纪录。

这一天,她患了重感冒,但是她依旧在只有9℃水温的海水里向目的地游去。海面上的雾很大,就连和她随行的船只看上去都非常模糊。就是在这种条件下,她在海里游了16个小时。可是就在她将要到达对岸的时候,她开始向随行的船只喊:"好了,赶快把我拉上去吧,我快没有力气了!"船上的随行人员都劝她说:"你稍微再坚持一会儿,现在距离对岸最多只有一海里了,你完全可以游过去的。"由于雾遮住了查德威克的视线,她根本看不到对岸,所以她根本不相信他们所说的话。她觉得他们说这些只是为了鼓励自己。于是,她再次向这些随行人员请求道:"好了,你们就把我拉上船吧。"

没办法,随行人员只好把她从水里拉了上来。

后来,有记者采访她,她说:"当时我根本不想做任何辩解,现在如果要对那件事情作出解释的话,那只能说自己当时没有看到陆地,是那些该死的雾使自己没有游到对岸。"

直到这件事情过去了很久,她才发现,造成那次失败的并不是雾,而是她对自我的怀疑,雾只是笼罩了她的眼睛,而她缺乏自信,让自己变得心虚起来,进而怀疑自己的毅力和体力才导致了失败的发生。

两个月之后,查德威克又作了一次尝试。天气比上次游的时候还要冷一些,在游的过程中,大雾又一次笼罩了她,海水更冷了,她依旧看不到海岸。但是,她根本没有理会这些,只是继续向前游。查德威克不断地告诉自己:海岸,就在自己前面,距离自己只有一海里远……于是,在无比坚定的信念中,查德威克终于成功地到达了目的地,从而为这次横渡画上了一个圆满的句号。

同样的一个人,在自信的心态中取得了挑战的成功,在不自信的心态中品尝到了失败的苦果。可见自信心,对一个人的影响该是多么的大啊。

美国著名的盖洛普调查公司曾经公布的一项调查统计表明,现代社会中,有将近50%的人都对自身的发展缺乏信心。既然自信对我们的影响是这么的重要,那么我们应该怎样来建立和维护自己的自信心呢?

在这个世界上,无论任何一个人,只要他想得到成果,就必须具备两个条件,那就是坚定和忍耐。在我们的职业生涯中,每个人都会在自己所从事的工作中遇到各种各样的困难和挫折,有时候,我们面对的失败足以让我们痛苦一生。但是,在面临困难和挫折的时候,有的人从失败中爬了起来,而有的人却永远被失败所埋葬。

如果我们想让自己变成一个充满自信的人,就应该想办法解决自身存在的问题。最好的办法就是去接触一些总是对自己充满自信的人,因为和这些很有自信的人在一起时间长了,在无意中就会受到他们行为的影响,从而增强自己的自信。

我们还要善于不断从失败中学习,有的人之所以很自信,就是因为他们在失败之后善于总结教训,从而避免自己再犯同样的错误,所以他们获得了成功。而且成功的频率一旦多起来,就会产生自信,所以他们对任何事情都不会退缩和回避。

一个人要想拥有自信，不要总是拒绝别人所给予的帮助，只要我们自己明白谁是主角谁是配角就可以了。那些自信的人总是很乐意帮助别人，因为这样他们不仅增强了自己的能力，而且还增加了代替你的位置的机会。所以，在接受帮助的时候要明白，主要还得依靠自己。

在人生的成长过程中，无数的教训告诉我们这样一个道理：在这个世界上，拯救自己的只能是自己，而不是别人，哪怕是菩萨在世、耶稣亲临，也不能帮助任何人摆脱窘境。所以我们无论到什么时候，都不要做一个缺乏自信而心虚的人，当你感到心虚、感到不自信的时候，你要问一下自己："既然别人行，为什么我不行呢？"要知道，在今天这样的社会中，机会面前人人平等，对于一个自信的人来说，一切皆有可能。

心鉴： 人活着如果没有自信心，那么生活将会失去很多乐趣。每个人都是世界上的唯一，而人活着的任务之一就是让自己变得快乐、幸福，而又充满自信。如果你想培养自己的自信心，办法有几种：一是努力学习知识，提高自己的能力和素质；二是正确看待自己的优缺点，学会扬长避短；三是多对自己进行积极的暗示，学习经常对自己说"我是最棒的！"四是要和自信的人交朋友，多多向他们学习。

懂得适时用勇气把自己推销出去

如今这个年头，什么事情都讲究包装，都讲究推销自己。现在已经不是"酒香不怕巷子深"的年代了，如果我们自己是一粒珍珠，就不要让自己埋

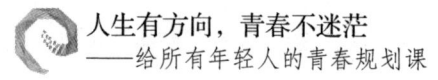

没在一堆沙子里，要学会脱颖而出。懂得适时用勇气把自己推销出去的人，更能适应当今社会发展的潮流。

美国著名作家奥格·曼迪诺时时刻刻告诫自己："我要采取行动，我要采取行动………从今以后，每小时、每一天都要重复这句话，一直等到这句话像我的呼吸一样，而跟在它后面的行动，要像我眨眼睛那种本能一样。有了这句话，我就能实现成功的每一个行动，有了这句话，我就能制约我的精神，迎接失败者躲避的每一次挑战。"人生的意义在于你能及时采取有效的行动，改变自己的处境，让自己的生存环境和生活条件变得越来越好。

我们这里讲的用勇气把自己推销出去，主要表现为在求职找工作中善于积极主动地推销自己，让自己获得工作机会。那么当我们在求职找工作时，应该怎样用勇气来推销自己呢？

在今天这样一个时代，对于求职者而言，所面临的就业市场和一般的市场没有什么两样。所不同的是现在交易的对象是你自己而不是其他商品。所以，对于求职者来说，要学会摆正自己的心态，做到成功不骄傲、失败不气馁。除了树立正确的观念外，下面就是采取有效的方法了，在这里推荐几种求职的方法供你参考、学习和借鉴。

1. 学会进行自我推荐

人在自我推荐的过程中，要表现出自信的品质，而这种品质也深受用人单位的欣赏，因为具有这种品质的人才能够胜任自己的工作。自信可以使自己处于主动地位，从心理上你会觉得主动权好像在自己手中，从而增强自己的信心，自信还可以在某种程度上起到"反客为主"的效果。当招聘条件制订出以后，还没有具体的评价对象，而你所表现出来的言行很有可能成为招聘标准。比如说，对方要求"表达能力强"，因为没有具体的评价对象，所以，如果你的口齿伶俐又善于言辞，无疑你就会成为他们认为的"表达能力强"的标准了。一般来说，采取自我推荐的方法求职，成功率还是较高的。

2. 关注广告信息

只要你是一个求职者，就不必为缺乏广告方面的信息而发愁。报纸杂志上，有关招聘的广告几乎天天都是、版版都有。此外，还有专业的招聘报刊，信息量非常大，每个人都可以根据自己的情况从中寻找自己需要的信息，然后认真地加以分析，再决定如何行动。

应该注意的是，有些广告在招聘内容上因为每个人的理解不同，可能会与用人单位的本意产生一些误差。所以，最好的方法是看到适合于自己工作的广告后，先打个电话联系一下，对其中有疑义的内容进行核实，然后再作决定，以免乘兴而去，扫兴而归。

按照一般规律，杂志上刊登的广告时效性不如报纸。许多报纸尤其是专门登载这方面信息的报纸，所发布的信息都比较"新鲜"，从用人单位送到报社到报纸发行不超过48个小时，有的"急招"、"急聘"速度更快。

从报纸和杂志上了解信息也需要留神。从所有发布的信息中来看，大部分都是真实可信的，但也有一些是骗人的虚假广告，还有一些出于"醉翁之意不在酒"的用意。比如，有的公司根本没有空缺职位，却故意刊登招聘广告，并许以较为优厚的待遇，为的就是创造一种"广告效应"，如同销路很好的商品也做广告，为的是扩大影响、提高知名度一样。有些公司的领导就愿意以数十个或百个应聘者蜂拥而至争相应聘的场面来提醒本公司的员工注意：要好好工作，否则，你的位置有好多人等着占呢!也许他们也会象征性地聘用一两个人，但真正的用意绝非如此。

除此之外，还有其他不可相信的广告，时间长了，自然会悟出其中不少的奥妙，每天奔波回来后，平静一下心情，最好把白天的经历再回味一下，这样做大有益处。

3. 利用自己的关系网

在社会上打拼多年的人，大多有自己的关系网络，利用人际关系求职的成功率也是比较高的。有些人认为利用人际关系找工作不光彩，其实，这是最正常不过的事情了。既然是朋友、熟人，彼此之间就有一种责任和义务，你有难处，有求于他们，有什么不好意思的呢？

当然，在开口说这件事时要注意方式方法，托朋友们帮忙时，应把自己的情况和想法说清楚，并耐心回答朋友的询问，而不要因为人家一提这些就不高兴，就冷言冷语，这是最不好的表现。

一些朋友能为你留意收集适合于你的信息，及时反馈给你，供你参考。因为不管你用什么方法，也不可能将所有的广告都看到，可以肯定地说，广告中会有适合你的信息，但并不一定刊登在你所看到的那些报纸或杂志上，而你的朋友们则完全可能看到。还有一些朋友由于自身的条件比较好，认识某些单位的经理或人事主管，不但可以通过他们拓宽道路，而且当这些单位需要人时，还可以为你牵线搭桥。通过朋友的介绍可以使得你和用人单位从心理距离上大大贴近，为你提供很好的便利条件。但是，千万别被兴奋冲昏了头脑，还是应以自己周密细致的应对方案去行事。因为你的朋友不等于用人单位的人事主管。对方不会因为你是熟人介绍来的就放宽录用条件，降低选择标准，至少在主要的几个方面不会这样做。所以朋友的介绍是一方面，关键还要看你自身的条件和努力。

总之，拓展人脉的方式得当会平步青云，反之则会弄巧成拙，相信你能以自己稳重的处事能力做好这件事的。

4. 对面试一定要重视

对于求职者来说，最难过的一关就是面试。因为你必须考虑好自己到底能否满足对方的希望和要求。面试不是要你决一死战，应把它看成是展现风采的时刻，把应试场当做一次舞台演出吧。"丑媳妇也要见公婆"，何况你有知识、有经验、有能力，未必就一定是"丑媳妇"。求职者要像一个出色的推销员一样，把自己作为商品推销出去，就应该以比自己原来的评价再高一些的形象进行展现。如同一位深谙顾客心理的小贩，他总是将美观可人的水果摆在表面，而把那些有点毛病和缺陷的放在里边，这样才能引来顾客。面试又何尝不是这个道理？

有意识地将自身的优点展现出来，以它们作为筹码，和其他同命运的人展开竞争。对于自己的一言一行、一招一式，都应认真准备，反复练习，对着镜子演示或者让朋友扮成主考官进行一番模拟，这些都会收到好的效果。

作为面谈的唯一目标，就是将其他杂念统统抛在一旁，只是专心一意地推销自己。即使是面试之前，自己已将所具备的条件认真加以估计，但也不能保证实际情况一定与自己所想相符合，因为你毕竟代表不了对方。而当出现这一误差时，千万不要灰心丧气、失去斗志，而应当用谨慎适当的话表示出自己的看法。记得一位具有多年管理经验的中年求职者在得知对方附加的"还应懂得计算机应用并熟练操作电脑"时，既没有萌生退意，也没有惊慌出乱，而是很平静地表示了自己对这一条件的看法。言语中暗示了自己希望对方能侧重管理经验这方面，而不要拘泥于一个是否会操作电脑的问题，因为在他看来，计算机只是一个辅助工具，胜任工作的关键在于丰富的管理知识，当然，这里并不否认运用计算机技术是时代发展的要求，因此对方最终聘用了他。

可见，招聘条件并不是一成不变的，上述事例并非要求应试者去冥思苦想如何使对方降低标准，而是说明一个成功的应试者所应具备的随机应变的能力。对于那些"怯场"的应试者而言，每一次的失败都是一剂良药，只要你不失去信心，就会在这种充满刺激的环境中不断锤炼自己，使自己的性格和意志得到升华。即使说错了一句话，或不小心坐偏了椅子，或失手碰落了办公桌上的文件，都不必慌乱，一个自然又含有歉意的微笑会将紧张的气氛一扫而光。

人需要为自己而活着，而工作将会直接影响到我们的生活质量和方方面

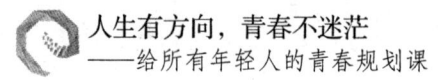

面的东西,因此,我们有必要认真对待,像商家促销自己的产品一样,去推销自己的优点、经验和资历,最终让自己能求职成功。另外,只要你能掌握正确的求职方法,并恰当地表现自身的长处,你就能得到让自己满意的工作。

心鉴:在今天这样的社会,学会用勇气推销自己,将会变得越来越重要,要知道如果我们不充分展示自己的优点和强项,就没有人知道你的本事和能力,结果白白埋没了自己的才华。

用勇气推销自己还要注意两点:一是你要具有真才实学,不要做夸夸其谈之辈,否则就是搬起石头砸自己的脚,得不偿失;二是无论自己的能力有多强,都要学会尊重你的上司和同事,懂得照顾他人的面子,不要让自己太过于锋芒毕露,从而招来别人的忌恨和妒忌。

有些缺点可能转化为优势

有一位挑水夫,他有两个水桶,分别吊在扁担的两头,其中一个桶有裂缝,另一个则完好无缺。在每趟长途的挑运之后,完好无缺的桶总是能将满满一桶水从溪边送到主人家中,但是有裂缝的桶到达主人家时,却剩下半桶水。

两年来,挑水夫就这样每天挑一桶半的水到主人家。当然,好桶对自己能够送满整桶水感到很自豪。破桶呢,对于自己的缺陷则非常羞愧,它为只能负起责任的一半,感到非常难过。

第二章 要充分利用潜能

饱尝了两年失败的苦楚，破桶终于忍不住，在小溪旁对挑水夫说：

"我很惭愧，必须向你道歉。"

"为什么呢？"挑水夫问道，"你为什么觉得惭愧？"

"过去两年，因为水从我这边一路的漏，我只能送半桶水到你主人家，我的缺陷，使你做了全部的工作，却只收到一半的成果。"破桶说。

挑水夫替破桶感到难过，他满怀爱心地说："我们回到主人家的路上，我要你留意路旁盛开的花朵。"

果真，他们走在山坡上，破桶眼前一亮，看到缤纷的花朵开满路的一旁，沐浴在温暖的阳光之下，这景象使它开心了很多！

但是，走到小路的尽头，它又难受了，因为一半的水又在路上漏掉了！破桶再次向挑水夫道歉。

挑水夫温和地说："你有没有注意到小路两旁，只有你的那一边有花，好桶的那一边却没有开花呢？我明白你有缺陷，因此我善加利用，在你那边的路旁撒了花种，每回我从溪边来，你就替我一路浇了花。一两年来，这些美丽的花朵装饰了主人的餐桌。如果你不是这个样子，主人的桌上也没有这么好看的花朵了。"

我们每个人都有缺点，就看你如何看待它。最重要的是我们如何能将这些"缺点"转化为"优势"，将这个"优势"好好运用、发挥，并得到更好的效果。有些缺点可能恰恰是一种美丽的优点，不经意间帮我们铸就了另一种人生。

我们没有必要因为自身的缺陷而自卑，我们要把自卑甩得远远的。人只有战胜了自卑，才能让自己有所收获和发展。

菲律宾外长罗慕洛，是联合国的发起人之一，世界著名国际活动家。他逝世的时候，联合国为他沉痛地降下半旗。但他的身高只有1.6米左右。原先他也为自己矮小的身材自惭形秽，年轻时常穿高跟鞋，但1.6米的身高，

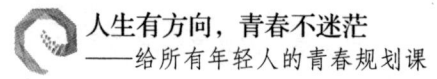

穿上高跟鞋又能有多高呢？别人还嘲笑他丑人多作怪。为此罗慕洛愤然脱下高跟鞋，发誓再也不穿。

后来他在工作中拼命努力，用成就来弥补自己的不足，最终成为菲律宾的外长，联合国发起人之一。在联合国成立大会的那一天，罗慕洛以菲律宾代表团团长身份，应邀发表演讲。当他走上讲台时，由于联合国讲台的高度是按西方人身高设计的，他就只有两只眼睛露出讲台，引得下面哄堂大笑。但罗慕洛仍镇定地站在那里，待笑声渐落，他突然高举起一只手，用力地挥动，同时庄严地说出一句话："我们就把这个会场当做最后的战场吧！"话音一落，全场登时寂然，随之掌声雷动。

事后罗慕洛自己说道："如果我长得高大英俊，别人一见就认为有水平，那我讲出这种话，别人认为理所当然，不会觉得震惊。正因为我其貌不扬，别人认为没水平，而我讲出稍有水平的话，别人就会大感意外，对我刮目相看。"罗慕洛成功地将自己的劣势转化为优势，矮小倒促使他成功，以至他说出这样的话："但愿我生生世世都是矮子。"

罗慕洛的话，给我们带来的启发就是，尺有所短，寸有所长。世上任何事物都有自己的优点和缺点，就看怎样看待自己罢了。同理每一个人都有自己的优势和劣势，人只要善于扬长避短，也照样可以做出一番事业来，因此你没有必要去羡慕他人，去模仿他人。你要做的事情就是接受自己，哪怕你生来有缺点，甚至有缺陷，因为这才是你本来的样子。

罗忠福在少年时代曾为自己出身于资本家的家庭而自卑过。从中学时代起，他就开始尝受被歧视、被批判的屈辱。读了半年大学，因为家庭成分问题而被当地卡住户口，被迫痛苦退学。

20岁时，他的父亲辞别了人世，母亲只好给人看孩子、洗衣服、挑煤以维持生活。母亲被迫干这种低贱的工作，使敏感的他深深感觉到人生的耻辱。25岁时，他被分配到一家小工厂当合同工，"师傅"竟讥笑他说："会读书有什么用，还不是给我这个不会读书的人当学徒？"

命运的不公、屈辱和刻薄，使他深感难以摆脱自卑。一次，他在长江边徘徊，一待就是一天。他真想往江中一跳，以死来解脱这折磨人的自卑与屈辱。

正是这个自卑得不想活的年轻人，发愤寻找人生的新道路。26岁时，罗忠福被贵阳市一家公司招聘为总经理，仅半年，就为这家公司赚进90万元，这使他进一步认识到了自己在商业上的才华。由此，罗忠福终于走出了自卑，扬长避短。之后罗忠福离开那家公司，凭借自己的才华和实干努力打拼。到他34岁的时候有了自己的"福海集团公司"，之后又连续三年被选入《福布斯》杂志中国大陆排行榜。

超越自卑走向成功的例子，在世界知名人物中比比皆是。法国伟大的启蒙思想家、文学家卢梭，曾为自己是个孤儿，从小流落街头而自卑；存在主义大师、作家萨特，两岁丧父，左眼斜视，右眼失明，失去亲人与身体的残疾使他产生过极度的自卑；法国第一帝国皇帝、政治家、军事家拿破仑年轻时曾为自己的矮小和家庭的贫困而自卑；美国总统林肯出身农庄，9岁丧母，只受过一年学校教育就下田劳动，林肯曾深深为自己的身世而自卑；日本著名企业家松下幸之助，4岁家败，9岁辍学谋生，11岁亡父。但自卑一直是他们前进的动力，正因为战胜了自卑，他们才有了最后的成功。

曾任美国国会参议员的爱尔默·托马斯，15岁时常常被忧虑、恐惧和一些自我意识所困扰。比起同年龄的少年，他不但长得太高了，而且瘦得像支竹竿。他除了身材比别人高之外，在棒球比赛或赛跑各方面都不如人。同学们常取笑他，封他一个"马脸"的外号。但是托马斯的自我意识极重，不喜欢见任何人，又因为住在农庄里，离公路很远，也碰不到几个陌生人，所以平常只见到他的父母及兄弟姐妹。托马斯说："如果我任凭烦恼与恐惧占据我的心灵，我恐怕一辈子也无法翻身。一天24小时，我随时为自己的身材自怜，别的什么事也不能想。我的尴尬与惧怕实在难以用文字形容。我的母亲了解我的感受，她曾当过学校教师，因此告诉我：'儿子，你得去接受教育，既然你的体能状况如此，你只有靠智力谋生。'"

但是，不久以后发生的几件事帮助托马斯克服了自卑感，这几件事带给他勇气、希望和自信，改变了他今后的人生。这些事件的经过如下：

第一件：入学后八周，托马斯通过了一项考试，得到一份三级证书，可以到乡下的公立学校授课。虽然证书的有效期只有半年，但这是自他有生以来除了他母亲以外，第一次证明别人对他有信心。

第二件：一个乡下学校以月薪40美元的工资聘请他去教书，这更证明了别人对他的信心。

第三件：领到第一张支票后，他就到服装店，买了一套合身的服装。

第四件：这是他生命中的转折点。战胜尴尬与自卑的最大胜利，发生在一年一度举行的集会上，他母亲敦促他参加集会上的演讲比赛。当时对他来说，那当然是天方夜谭。他连单独跟一个人说话的勇气都没有，更何况是面对很多人。但是在他母亲的坚持下，他还是报名了，并且为这次演讲做了精心的准备。为了把演说内容记熟，他对着树木与牛群演练了上百遍，结果大出他本人的预料，他得了第二名，并且赢得了一年的师范学院奖学金。后来托马斯在回忆自己的人生历程时，还不止一次说过："这四件事成为我一生的转折点。"

托马斯的人生经历告诉我们，每个人在生命过程中，都会遇到让自己感到自卑的东西，说白了那些曾让我们深深自卑的地方就是我们的劣势。但是，如果我们不甘心就这样被劣势束缚住了手脚，束缚住了发展的脚步，完全是可以通过自己的努力，改变劣势，进而改变自己的命运的。要知道丑小鸭变成白天鹅，离不开它勇敢地挺起胸膛，骄傲地扇动了翅膀。因此，人没有必要再妄自菲薄、顾影自怜了，战胜自身的劣势，把自卑丢得远远的，告诉自己你能行！

如果你想完善自我，过上快乐的生活，就要学会正确看待自己的优缺点，努力发现自己的可爱之处，强化自己的长处，弥补自己的短处。

当然，如果你想改变自身的劣势，你还要学会科学地比较，掌握正确的比较方法，确定合理的比较对象。如果以己之不足和他人之长相对照，肯定只会长他人志气、灭自己的威风，最终落进自卑的泥潭，失去前进的动力。当然，也不能从一个极端走向另一个极端，老是用自己的长处去比别人的短处，这样容易唯我独尊，总觉得你比别人高出一筹，产生洋洋自得、不可一世的心理。

无数的例子告诉我们，每个人身上都存在缺点，就是名人、伟人也不例外。只要能正视自己的缺陷，善于弥补自身的不足之处，是完全可以把劣势转化成激励自己前进的加速器的，从而在某一领域里闯出一番事业来。

日本首相田中角荣天资聪颖，但中学时患有口吃的毛病，给他带来巨大的苦恼，他因此变得自卑、羞怯和孤僻。有一次上课，他的同桌捣乱，教师误以为是田中干的，当田中站起来辩解时，竟面红耳赤说不清楚。老师更加认定是他做错了又不承认，别的同学大笑起来。这件事对田中刺激很大，他回家后，分析自己口吃的原因主要还是源于个人的自卑。从此，他时时鼓励自己在公共场合发言，主动要求参加话剧演出，并经常练习，终于克服了口吃的毛病，为他走上职业政治家的道路奠定了基础。

田中角荣的事迹告诉我们，人存在缺陷不可怕，只要你有一颗想改变自己的决心。在强大的毅力面前，劣势也可以变成改写自己人生命运的动力。

可见，对于我们每一个人来说，正确认识自己的优点和缺点，充分肯定自己，相信自己充分挖掘自己的潜力，提高自己，就能变劣势为优势，找回自信，赢得完美人生。

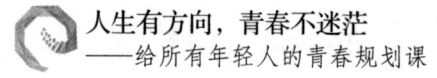

心鉴：每个人身上都具有别人替代不了的优点，也都存在有时会让人感到很可爱的缺点。优点和缺点在人的身上是相辅相成，可以相互转化的。如果你抱着乐观的心态看待自身的缺点，那么它就有可能转化成为你的一种优势；如果你抱着悲观的心态看待自身的缺点，那么它可能永远都是那样了，没有翻身改写命运的机会了，这时你的优点可能也会消失，最终也变成了缺点。既然如此，想拥有怎样的生活和人生，就看你自己的选择了。

让你心中的正面影像变成现实

在生活中，如果你认为自己可以做成某事，往往这件事可能真的就被你做成了，这就是心中正面影像给人带来的作用和影响。同理，如果你认为自己一定可以实现某个理想或者目标，并在心中给自己树立一个正面的影像，采取积极的行动，工作，再工作，思考，再思考，相信，再相信，永不止息，永不放弃。结果呢？因为你认为自己行，做什么事都行，都能够做成、做好，你的梦想终能成真……结果人生奇迹也就发生了，你心中的正面影像也就变成了事实。

这也就是说，只要有好的动机，你心中的正面影像大都可以实现，可以成真。对你是这样，对别人也一样。也许有人会说："我不是天才，我只是普通人。你真以为我期盼什么就能使它发生吗？"这个问题的答案是："是的，但你要真的认为你能行，真正地相信自己。"因为，你知道，你认为你行你就行。动脑筋思考、相信、工作、以正确的态度待人、付出你所有的一切，你就会发现自己正做着最令人惊异的建设性工作。一心向上、永远怀着希

第二章　要充分利用潜能

望的人，他的一生毫无疑问可以取得不错的成绩。一个人心中有什么样的正面影像就会产生什么样的结果。人只要对自己充满了信心，奇迹就会发生。

美国有一个爱好绘画的年轻人，他向每一家报社辛苦地推销他的漫画，但是每一家报社的编辑对他都很冷淡，甚至残酷地告诉他，说他没有天赋，建议他不要再搞漫画了。不过这个年轻人，他相信自己的实力，而取得成功的梦想已经掌握了他，不让他随便放弃。

最后，一位教区传教士雇用了他，薪水很低，要他为教堂的活动画海报。这位初出茅庐的年轻人要求有一间画室，可以让他有地方睡觉和绘画。教堂有一间旧车房，里面有很多老鼠，传教士就让他使用这间车房。后来怎样呢？那些老鼠中的一只名扬全世界，年轻的画家也享誉世界。这只老鼠就是后来尽人皆知的米老鼠，而这位画家就是沃尔特·迪士尼。

"取得成功的梦想"是沃尔特·迪斯尼心中的正面影像，因为相信自己可以成功，最后他通过自己的努力，让梦想变成了现实。并且他的成功不断扩大，发展到了电影界，最后在全球建立起了好几座迪士尼乐园。

人一旦在心中给自己树立积极的影像，他就会为实现这个影像乐此不疲地工作。这个影像会使他感到兴奋，会催促他，让他感到每天都要为实现它而好好地工作。不这样做，他甚至会感到难以度日。

在今天的商界中，有些人曾经赚过数百万、数千万美元，也曾经全部赔光过，可人们为什么依然崇拜他们呢？原因在于他们知道自己曾失去过什么，而心中的正面影像会促使他们重新成功。因此他们即使失败了，也还有资本再去赢回失去的一切。一个人心中的正面影像可以促使一个人获得成功，可以让一个人梦想成真，这点对于成功人士不仅如此，就是对于普通的人群也更是如此。

有一所位于偏远地区的小学校由于设备不足，每到冬季便要利用老式烧煤锅炉来取暖。有个小男孩每天都提早来到学校，将锅炉打开，他要让老师

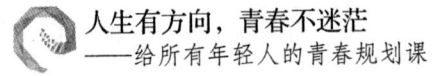

和同学们一进教室就能享受到暖气。

但是有一天老师和同学到达学校时，吃惊地发现有火舌从教室冒出。他们急忙冲进去将这个小男孩救出来，但他下半身遭到严重灼伤，整个人完全失去意识，只剩下一口气了。送到医院急救后，小男孩恢复了知觉。他躺在病床上迷迷糊糊地听到医生对妈妈说："这孩子下半身烧伤得太严重了，活下去的机会实在太小。"

但这个勇敢的小男孩不愿这样被死神带走，他下定决心要活下去。出乎医生的预料，他熬过了最关键的时刻，等到危险期过后，他又听到医生和妈妈窃窃私语："其实保住性命对这孩子而言不一定是好事，他的下半身遭到严重伤害，就算活下去，下半辈子也注定是残废。"

这时，小男孩又暗暗发誓，他不要成为残废，他一定要站起来。不幸的是他的下半身毫无行动能力。两条细弱的腿垂在那里，没有任何知觉。出院以后，他妈妈每天为他按摩双脚，从不间断，但仍没有任何好转的迹象。尽管如此，他要站起来的决心一点不曾动摇。平时，他都以轮椅代步。有一天天气十分晴朗，妈妈推着他到院里呼吸新鲜空气。他望着灿烂的阳光照耀着草地，心中突然出现一个想法。他奋力将身体移开轮椅，然后拖着无力的双腿在草地上匍匐前进。一步一步，他终于爬到篱笆墙边，接着他费尽全身力气，努力扶着篱笆站了起来。抱着坚定的决心，他每天都扶着篱笆走路，篱笆墙边因此出现了一条小路。他心中只有一个目标：努力锻炼自己的双脚。

凭借如钢铁般的意志，以及每日持续不断的按摩，他终于站了起来，然后走路，甚至跑步。他后来不但能走路上学，还能和同学们一起享受跑步的乐趣，到了大学，他还被选入了田径队。

一个被严重烧伤的孩子，原本难逃死神的召唤，原本一辈子都无法走路，但他凭着坚强的意志，一步步地挺了过来。小男孩的经历告诉我们，人的成功就是心中正面影像不断激励着自己的结果。心中树立一个正面的影

第二章 要充分利用潜能

像，是让人战胜一切困难，努力前进的基础和保证。它可以让人具备超人的决心，捕捉到实现影像的机会。

有一对美国夫妇，在纽约 22 号公路附近开了一家充满欢乐气氛的小吃店，店里的食物好极了，烧的家常菜，也真的是太棒了。店的女主人还是做点心的高手，她的派、饼干和布丁做得真是太好吃了。

夫妇俩及他们的孩子和祖母整个一家人都在工作，你看不到他们有任何懈怠或不耐烦，他们对任何人都露出微笑，都表示出愉快的欢迎。女主人海伦是一位漂亮的女人，充满魅力，笑声爽朗，态度优雅，光临小店的人们都非常喜欢她。

几年前，她上过"我的职业是什么"的电视节目。参加猜谜的一组人都很有经验、很有技巧，但是他们都猜错了，因为那时候她是一个村里收垃圾的人。你看她的外表，根本不会想到她是收垃圾的。她坐在垃圾车上就像是个女皇一样。

她和她勤勉的丈夫决定改行开餐厅。他们在公路旁建了一幢小房子，命名为"软冻堡垒"。他们刊在报纸上的广告真是一篇好文章，把他们的店形容成是为每一个人提供快乐、家常情趣和美食的地方。在他们的店里，高达天花板的美丽的壁炉上，每一块砖头都砌得非常好。

"谁砌的壁炉？"客人问，"砌得太好了，手艺真好。"

"我砌的，"海伦回答说，"每一块砖头都是我用这一双手砌的。"

"真想不到！"客人只有赞美，"收垃圾、做经理、厨子、泥水匠、妻子、母亲——还有什么？"

"哦，"她说，"保罗和我自己建了这幢房子，完全是我们自己盖的。我们喜欢工作，喜欢做东西、建房子、让大家都快乐。"

每年冬天饭店停业时，女主人海伦和丈夫保罗就带上孩子和老祖母去南方的佛罗里达州，在那里开发出一个叫做杜兰市的地方。他们铲除了一片松

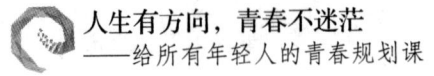

树林，现在那里已经成为很好的地产了。

"你们是怎样做出这么多了不起的事情的？"知道这件事的客人有点不相信地问他们。

"哦，你知道，我们相信奇迹，期盼奇迹，我们只是使奇迹发生了而已。"这就是他们给客人的答复。

"期盼生命中发生奇迹"是这对美国夫妇俩心中的正面影像，然后他们凭借自己勤劳的双手和睿智的头脑，一步一步地努力，终于奇迹般地实现了他们的梦想，他们心中的正面影像也得以实现。

我们为自己活着，就应该学会给自己一些积极的自我鼓励和支持。要知道一个会成就自我的人，他的人生将会变得更加丰富多彩。而在心中常常为自己树立一个正面的影像，并激励自己为了实现这个影像而努力做事，这也是我们实现人生价值的一个途径。

时刻为自己树立一个正面的影像，并为实现这个影像着手去工作、工作、再工作，直到把这个影像变为现实。你将会发现，世界上没有什么东西可以比它更能给你带来积极的影响和鼓舞了。

心鉴：在这个世界上，人得学会在心中时常给自己树立一个正面的影像。说白了就是，作为一个人你得时刻明白若干年后，你想成为一个什么样的人，你想让自己取得多大的成功和收获。这些大致的规划，就是你心中要时刻树立起来的一个正面影像，它也是你努力的方向。时刻激励自己朝这个方向奔去，付出积极有效的行动，你就能将美梦变成现实。

第三章　要成就自身修养

　　青蛙只有跳出井底才能看到外面广阔的天空，做人的道理也一样，需要不断增加自身的修养。唯有如此，我们的人生才能不断取得进步。人要想增加自身的修养，办法有很多：比如，兴趣爱好是我们生活中最好的减压方式；运动不仅可以让我们远离烦恼，还会有益于我们身心健康；音乐和唱歌能帮我们交到志同道合的朋友；阅读还可以增长我们的见识，让我们了解外面的世界；而欣赏艺术品更有利于陶冶我们的情操，提高我们的品位。可见，只要你愿意，你随时随地都可以加强自身的修养，这是一件非常容易做到的事情。

第三章　要成就自身修养

良好的兴趣爱好是生活上乘的减压器

兴趣爱好是使我们保持良好心理状态的重要条件，我们的兴趣爱好广泛，生活就会变得丰富、充实，我们就会变得有活力，这样一来，我们的适应能力就会增强，心理压力就会减少。可以说，是兴趣爱好，让我们生活中到处充满阳光，让我们有机会把压力甩得远远的。

比如，同样是从岗位上退下来，有的人觉得无所事事，很容易产生失落感。而有的人则觉得退下来后无官一身轻，可以充分利用这些时间读书、写字、绘画、摄影、舞剑、养鸟、钓鱼、种花等，日子过得非常轻松、自在、惬意。为什么这两种人的生活状态会差别这么大呢？主要原因在于，第一种人没有兴趣爱好，他的精力在生活中没有寄托，因此会感到日子过得枯燥无聊，而第二种人，因为兴趣爱好广泛，退休以后终于有时间来发展自己的兴趣爱好了，因此日子过得倒也逍遥自在了。

那么在日常生活中，都有哪些兴趣爱好可以帮我们减压呢？下面列出如下这些方法供你参考、借鉴和学习。

1. 写作减压

面对工作上、生活上的压力与烦恼，我们可以借用一支笔、一张纸，把它们都详细地写下来。在你书写过程中，注意力都集中在写作上了，这样你的情绪就会慢慢稳定下来。写作完成后，你的心理可以达到平衡，精神变得振奋，人体自愈的潜能就会起作用了，使你的生理机能趋于平衡，从而达到治疗康复的目的。文章写好后，可以放一段时间再拿出来阅读，审视自己的过去也能起到减压效果。

2. 集邮减压

集邮是以邮票为中心内容的一项有益的休闲养生活动，它包括收集、整理和研究三个方面。集邮的益处概括起来有这样几点：增长知识、陶冶情操、增益智慧、健全身心。爱好集邮的人长期处于希望与快乐之中，对调节生理机能、促进新陈代谢、消除身心疲劳都起到良好的作用。

一个人待得久了，也可以出去走走，看看邮展，会会邮友。大家一起说邮票、邮封、邮戳和邮报，也说邮人、邮事、邮史和邮经。那些生活的烦恼、工作的忧心，都远远地离你而去，你获得的除了快乐，就是开心。所以，爱集邮的人新陈代谢旺盛、精神振奋、体力充沛，对生活充满了乐观情绪，有助于健康长寿。

集邮这个兴趣爱好，或许说不上十全十美，但集邮能给生活以精彩和美丽。如果你感到生活得很累，压力很大那就让集邮为你减减压吧，它会把你的生活乃至人生变得充满情趣、充实而又精彩。

3. 倾诉减压

美国心理学家在一次调查报告中公布，87%的已婚女人和95%的单身女人认为，朋友间的情谊是生命中最快乐、最满足的部分，这种情感关系为她们带来一种无形的支持力。另一位意大利心理学家也指出，拥有稳固的朋友是现代女性健康生活的最重要的方式之一。

朋友间的亲密倾诉，作为一种预防性措施，一种对于免疫系统的支持，能够降低压力对你的威胁。一个人要保持身体健康，不仅需要锻炼身体和科学的饮食，同时更需要加强对友谊的维护。

向朋友倾诉时，一定要把事情的真实情况讲清楚，不能妄加推测、猜疑，因为倾诉的目的是减轻心理压力和寻求解决办法，只有以事实为依据，才能做出正确的抉择，消除压力源。

当代人更容易被人际关系问题、情绪问题、感情问题所困扰，而且这些问题也不是吃药就可以解决的。所以，心理医生认为最好的排解方法就是倾诉。当你被不良情绪所占据时，要勇于向朋友倾诉、唠叨，在他们的劝慰和开导下，不良情绪便会慢慢消失。

4. 通过网聊减压

在人际关系复杂的今天，想找一个值得信赖的人来倾诉并不容易，而且，很多人也不想让身边人看到自己的内心世界，所以，网聊越来越受欢迎，并逐渐成为人们减压的秘方。

据调查，近四成的女高管会选择上网自曝心底隐私来发泄情绪。就职于本市某合资企业的孟女士，近来迷上网聊和"秘密"网站，她每天的业余时间几乎全在上网，就连半夜三更也常去网站留言或看新帖。孟女士说："我是个很内向的人，越是大事越喜欢闷在心里。身边越亲近的人我越不想告诉他们。上网聊天可以在虚拟空间里尽情发泄，到专门的秘密网站倾诉，那里几乎都是和我一样的人，大家也就彼此彼此了。"

可见，网聊减压也是一个很不错的减压办法，但是凡事都有一个度的问题，我们也要把握好自己，不要过度沉溺于网聊，最好让它不要影响了正常的工作和生活。

5. 利用聚会减压

同学聚会也是一次愉悦心情，释放压力，返老还童的机会。大家可以畅谈学生时代的种种趣事，互相问候身体、家庭的变化，共叙友情，欢声笑语。

参加同学聚会是为了减压，但是也要注意下面几个问题：

（1）同学之间勿攀比。同学之间原来在一个平台之上，彼此之间没有高

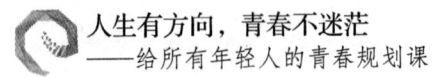

低贵贱之分，想当年同吃一锅饭，同举一杆旗。再次见面，只为感情，且不可盲目攀比，自找苦恼。

（2）多交知心朋友。同学聚会不仅联络感情，还能提供社会支持和信息的来源，一定要利用好这个契机，多拓展交往的空间，多交知心朋友，要知道朋友多了路好走。

同学聚会的方式可以多样化，不一定是吃饭，可以选择集体到植物园、茶馆和咖啡厅坐一坐，聊一聊。还可以一起唱唱歌，滑滑雪，组织一些集体项目，在相互交流中自然地增进了感情，放松身心。

6. 做慈善事业减压

所谓慈善，就是怀有仁爱之心，广行济困之举；它是一种自由，而不是一种强制；它是一种权利，而不是一种义务。慈善不因人的贫富有高低贵贱之分，任何人都可以行善。慈善是社会责任，更是社会公德。

乐善好施的人，心灵是愉悦的，道德是高尚的，心态是平衡的。至于做善事的方向，你可选择助学、助残，也可以选择扶贫，只要你有一颗善心，并且去实施善举，你的心灵就会因此而变得高尚，你的压力也就会随之而去。

李艳春是一家公司的主管，平时工作压力很大，经常失眠。有一次到西部旅游的时候，看到很多山村的孩子上不起学，于是就在当地资助了一个希望小学，并且每年都会亲自去学校一次，为孩子们带去棉衣和文具。在资助这所希望小学后，小李感觉自己的生活十分有意义，再也不像以前那样无助、失落了。

可见，如果你能把帮助他人视为己任，那么你就能从内心真正感到快乐，从而改善工作带来的心理压力。

7. 做手工减压

美国一位著名的医学专家指出："手工劳动能使某些病人思想上产生满

足感，减轻病人的精神负担，使病人在进行专心致志的手工劳动时，忘掉疾病的痛苦，起到辅助药物治疗的积极作用。"

在外企上班的汪女士原本不会飞针走线，她之所以爱上编织，是因为发现编织其实是最佳的减压"药方"。营销任务繁重，工作压力大，有时候回家打上几针毛线，心情就平静多了。编织还可以由着兴致来，高兴的时候多织一点，没耐心的时候少织一点。当一件手工制品大功告成，受到周围朋友的赞许时，那种成就感和满足感是任何东西都无法替代的，这时候的减压功效是最大的。

8. 养宠物减压

面对工作、家庭等压力，越来越多的人们在家里养起狗、猫、兔、龟、金鱼等宠物。

"我最近压力太大了，孩子出国了，老公又时常不回家，回家连个说话的人也没有。我觉得自己都快支撑不住了，所以就在家里养只贵宾犬来缓解一下压抑的心情。"一位女士如此说。养宠物能减压，这一点毋庸置疑，但也要注意下面这几点：

（1）精神寄托。一个人如果没有了精神追求与寄托，空虚的结果自然会带来压力，而有了自己喜欢的宠物，情感也就有了落脚点，精神上似乎充实了。

（2）特殊的支持。关于养宠物风靡全球的背后，实际上也揭示了随着社会发展而导致人际关系的日渐疏远，孤独的不仅是空巢老人，那些朋友较少，社会支持还不足以用于排解压力的人，有了宠物的支持也在一定程度上取代了人际支持，从而形成一种特殊的社会关系，宠物成为一名家庭成员。

（3）满足控制感。控制感的缺乏也是导致产生压力的一个很重要的原因，作为宠物的主人，对于宠物本身毫无疑问拥有至高无上的控制力，即便在生活或工作等方面缺乏控制力，通过增强对宠物的控制，可以间接或暂时减缓压力。

（4）养宠物要注意宠物卫生，要记得定时给它们吃饭、洗澡。这一点非常重要，因为如果宠物身上有细菌、病毒、寄生虫，也会影响主人的健康状况。再忙也要挤出时间陪宠物玩玩，毕竟你养宠物的目的就是和它们玩乐。一直把它们放在一边不管，它们就会觉得孤独，相信你花在它们身上的时间和精力会有回报的。同时还要注意不要因为宠物而忽视人际关系。

9. 睡觉减压

睡眠可以让体力得到恢复，让人的情绪变好，从而有更多的精力来应付压力。有些人之所以会感到心情烦躁，原因就是睡眠不足引起的，而通过睡觉来补足睡眠，人的压力常常可以减轻一大半。

不过为了保证睡眠质量，你也要注意以下几点：

（1）为自己创造一个良好的睡眠状态。你可选择洗一个热水澡或听听舒缓的音乐来让身心得到放松。

（2）睡觉前的1～2小时，不要再加班，不要再接电话了。

（3）如果上床一会儿后不能入睡，干脆就起床到地上走一走。

（4）保持睡眠的规律性，这样有了压力后更容易睡得着。

10. 插花减压

插花，可以点缀扮靓居室，给生活增添情调，还可以让人尽情发挥自己的创意。人在插花时，心态会变得平和，这能够起到修身养性的作用。而自己完成的作品，看似简洁，却寓意深刻，不仅活色生香，也能给你带来视觉上的享受。所以说，插花让心灵得到陶冶和放松，实在是一件很不错的美事。

11. 茶艺减压

喝茶是一种健康的生活方式，而人们更是将品茶升华为一种精神享受。学茶道的过程，其实是一种放松身心的过程，学习的过程也成了热门的人际交往方式。茶道起源于中国，讲究和、美、礼、仁，追求人与人之间的平等和谐，通过茶事活动感悟人生，从而达到修身养性，追求自然的目的。

不过，如果你想学习茶艺，就得先学鉴别茶叶，因为每一种茶叶在不同采摘季节，炒制出的茶叶味道和形状都不相同。然后才能学习茶艺中的冲泡手法，最后还要对各种紫砂茶壶的使用有所了解。

12. 按摩减压

学习按摩能起到自我保健、关爱家人和自我减压的作用。当一个人对另一个人进行按摩时，被按摩的人能消除疲劳、舒筋通络、使体质增强；按摩的人也会出一身汗，消耗身体上一部分热量。所以按摩这个兴趣爱好对自己和家人来说，是一样受益的。

13. 弹古筝减压

中国的古筝具有2500多年历史，是中国民族器乐中的瑰宝，与琵琶、扬琴、二胡、笛子等相比，它更具有古朴典雅、悠扬悦耳、音韵绵长的特点。并且它还具有博大精深的文化内涵，深受现代白领人士的喜爱。

目前中国的古筝爱好者和弹奏者已超过200万人，且有越来越多的趋势。甚至有许多外国人不远万里来到中国只为了学习弹古筝，他们称中国古筝是神秘的乐器，是东方的钢琴。

14. 跆拳道减压

跆拳道集柔韧、锐利、力量和技术于一身，需要准确性、速度、力量及控制能力。当人集中注意力投入这项运动中时，可以暂时忘记工作、生活中的压力和烦心事，让身心得到减压和放松。同时，跆拳道的许多训练程序和有氧瘦身操一致，可以起到健体、瘦身的作用。 因为这些原因，跆拳道运动作为一种解压方式，在都市白领人群中日渐流行，受到人们的喜爱和青睐。

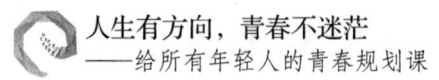

心鉴：兴趣爱好除了是生活中最好的减压方式之外，人生的很多乐趣也都与它密切相关。人生如果缺少了兴趣爱好，那么生命就会像一潭死水一样，激不起一点的涟漪，这样的人生是毫无意义的。另外，大力发展自己的兴趣爱好，可以减轻人在工作生活中的压力和紧张感，从而让人得到休息和放松，最终以更好的状态投入到工作中去，促进事业的发展。可见，我们应该大力发展自己的兴趣爱好，而没有必要压抑它、抑制它。

运动让你赶走烦忧和不快

现在，工作压力变得越来越大了。对很多上班族来说，经常加班已经变成家常便饭，更重要的是，工作中的困难和挑战你得去克服和应对，稍有不慎，你就要挨批评，或被扣掉当月的奖金，这些事情都让人感到崩溃，那么面对工作中的烦恼，我们应该怎样去排解呢？生活上，房租、水费、电费、暖气费、公交费、电话费，人际关系处理出现问题等，这些琐事，都可能是令我们感到烦恼的根源，那么面对这些事情，我们应该怎么办呢？有一个很好的办法，可以帮你远离烦恼，缓解一下心中的压力和不快，这个办法就是运动。

生命在于运动，经常运动的人，不仅可以锻炼身体，还可以让人暂时忘掉不快。当你挥汗如雨地运动一段时间后，你会发现原先积压在心头的所有烦恼，都已经挥发掉了，你的心情变得轻松愉快多了。

运动可以帮助人强身健体，在这一点上，是毋庸置疑的。今天的人们，天天忙着挣钱，很少有人想道，运动是维护健康的一项必不可少的投资。

曾经听过这样一件事：小学组织学生们去郊外春游。孩子们都非常高兴，他们见到了很多新鲜的东西。有的孩子见到了农家的鸡，回家就问妈妈：我见到了一个怪物，有尖尖的嘴巴、鲜艳的羽毛，头顶长着红肉，叫声还很响亮！妈妈就笑了，说孩子那是鸡啊，你最喜欢吃的鸡腿就是鸡身上的！

这并不是一个笑话，而是真实发生过的事。现在的孩子，生长在大城市，吃着肯德基、麦当劳，出门有车代步，他们认识鸡腿而不知道鸡为何物，都市生活让孩子们失去了许多认识世界的机会。

但是，失去运动机会的又岂止是孩子们？生活在都市中的成年人，不是同样也失去了"动"的机会吗？他们朝九晚五地奔波，出门有私家车或者公交车可以代步，上班在办公室一坐就是一天；买东西出门即有超级市场，琳琅满目的商品可以满足他们全部的生活需求；周末双休他们可以在家上网玩游戏，即使出门也是逛逛商场、看看电影，回家还有电梯免去了爬楼梯之苦，他们的生活已经很便利，太缺乏身体锻炼了。

不知道从什么时候开始，"都市病"成为了一个流行的名词。感冒、肠胃敏感、颈椎病、焦虑症、抑郁症、紧张型头痛，开始经常性地折磨都市人。调查显示：20世纪80年代以后，我国对死因普查的结果已和西方发达国家接近。特别是排列在死因前三位的脑血管病、心脏病、恶性肿瘤，其致病因素多与生活方式有重要的关系。不健康的生活方式在全部致死原因中占44.7%。专家给出"克服不健康的生活方式"的方法，排第二位的就是"劳逸结合，坚持锻炼"。生命在于运动，健康需要锻炼。更为重要的是，简单的运动过后，人可以让自己远离烦恼，这样的一份好心情，是你用任何金钱都买不来的。那么我们应该怎样挤出时间做运动呢？关键就在于创造运动的机会。

小李是一名都市白领，在外企上班的她是家里人的骄傲，也是家里的经济支柱。因为待遇优越，她早早地给父母换了一套舒服的房子，还请了钟点工每星期来家打扫两次，让父母可以生活得更省心省事。

但外表光鲜的她也有自己的烦恼，由于生活节奏太紧张，她已经记不得有多久没有去运动了。身材曲线不再优美，她近来发现经常头晕、肩背酸痛，有时候还腿发软、冒虚汗。某个周末她和好友约好去爬山，不到一半就累得气喘吁吁，只能看着好友远去的背影长叹。

她知道，身体已经给自己敲醒了警钟，不能再这样下去了。因为实在没有时间特地去健身房，聪明的她给自己制订了"见缝插针"的运动计划。早上起来，先伸伸手、弯弯腰、踢踢腿，再穿上衣服，打开窗户做个深呼吸；离开家去上班，走三四层楼梯再去坐电梯，时间来得及的话就全部走楼梯；走路去车站坐车，时间允许的话就多走一站；到了公司，因为楼层并不高，就爬楼梯上班；在电脑前面一坐就是半天，中午趁吃饭的时间活动活动手脚；上班的时间，趁送文件、上厕所的机会，扭一扭腰，不要怕同事笑话；下班了，不赶时间了，多走几站再坐车；到家了，弃电梯爬楼梯，既锻炼身体又减肥。

到了周末也保持平时作息习惯的她，不再睡"回笼觉"，而是按时起床去晨跑两圈，锻炼之余又让一天有了个愉快的开始。要是没什么特别的事，她还会约上三五好友做做户外活动，像骑单车、踏青、逛公园，有益又有趣，还增进了朋友感情。

这样一个多月下来，小李有了明显的改变。她的脸色变得红润而有光泽，更重要的是，因为加强了锻炼，工作、生活中的烦心事也都离她远去了，整个人心情变得愉悦起来，吃饭胃口好了，工作也更有效率了。以前头痛、肩背酸痛的毛病也慢慢离她远去了。更可喜的是，她发现自己的体质已经得到改善，每天回家爬八层楼已经不再像开始那样费力了。

半年过后，朋友们再次聚集在一起爬山，还是那座山，但小李坚持爬到了山顶，虽然速度上仍然落后，但她的巨大改变已经让朋友们惊讶不已。他们追问秘诀，小李只笑着回答："我天天都不忘运动哦!"

像小李这样的都市年轻人还有很多，因为生活便利而越来越少使用身体运动机能。每天8小时以上的工作时间，简单的"几点一线"的生活方式，让他们越来越爱感冒，身体小毛病越来越多，去做健康检查往往正常，但就是身体不适，有的年过30又开始长起了"青春痘"……

你有没有想过，其实这一切都是因为你的"懒于运动"而导致的？专家已经证实：有良好的生活方式，经常从事锻炼的40岁左右人士的健康程度和20岁左右缺乏锻炼的年轻人的健康状况几乎一样。

身体是革命的本钱，今天的上班族应该重视自己的身体健康，多多进行体育锻炼，不仅可以让你精力充沛，也可以让你远离烦恼的困扰。因为科学家已经证明，人在进行体育锻炼的时候，大脑皮层会分泌出一种可以让人感到愉快、高兴的化学物质。所以我们看那些经常锻炼的人，你很少见到他们有不开心的时候，原因就在这里。

如果你留意一下，社会上许多成功人士，除了事业之外，他们也是运动的健将。

据说已故船王包玉刚，每日清早都做45分钟的运动，最喜欢的运动是跳绳和游泳。跳绳是常规的运动，他经常跳，游泳也一样，他十分喜欢冬泳。

李嘉诚也喜欢运动，他经常游泳，每天清早打高尔夫球。恒基地产的总裁李兆基和李嘉诚一样，也喜欢游泳及打高尔夫球。在每年冬天，他会到瑞士去滑雪。

霍英东喜欢的运动是网球、足球和游泳。新世界集团的巨子郑容彤，则喜欢高尔夫球及游泳。

其实，人的健康状况不仅取决于全身各器官、系统的功能和相互协调能

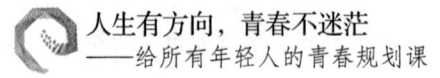

力，而且还取决于整个身体对自然和社会环境的适应能力。

世界知名的大科学家和文学家，大多毕生重视身体锻炼。居里夫人年过六旬还到大海中游泳；托尔斯泰设有专门的健身室，每天坚持锻炼身体。运动也大大促进了他们智力的开发，居里夫人说得好："我们力求脑力与体力的平衡。"对此，现在所有从事脑力工作的知识分子是不是应该从中受到一些启发呢？

运动有很多种，每一个人可以按照自己的喜好去选择。现在推荐几种运动方式供你选择。

1. 跑步运动

跑步不受场地、设备等条件的限制，简单易行，是很多人喜欢选择的一种锻炼身体的好方法，也是人们保持身体健康的重要手段。

（1）慢跑。慢跑可按照心率来控制跑步的负荷强度(心率=180-年龄)，如33岁应控制在147（180-33）次/分以下，呼吸也以不喘大气为宜。在跑步时应注意呼吸的深、长、细、缓节奏，像打太极拳一样出汗而气不喘；呼吸节奏可以两步一呼、两步一吸，或者三步一呼、三步一吸；要尽量用腹式深呼吸，吸气时鼓腹，呼气时要尽量吐尽。跑步时步伐要轻快，全身肌肉放松，双臂自然摆动。跑步量以每天20～30分钟为宜，也可以长些，但必须根据自身情况而定。开始练跑时要少些，以后逐渐增加跑步量。慢跑适合于体弱者。

（2）变速跑。变速跑是慢跑与中速跑交替进行的一种跑法。中速跑较慢跑的速度快，因此身体更趋前倾，摆臂的幅度、频率较大，两脚的跨幅和频率也大，所以运动强度也比慢跑大，变速跑可根据自己的情况随时改变速度。

（3）快跑。在中速跑的基础上继续增速，原则上以不喘大气，不流大汗，心率不超过140次/分为标准，自我感觉舒适不累为好。

（4）原地跑。初学者开始可以慢跑姿势进行，以后根据身体健康状况，逐步加大跑步量，每次可跑 500~800 复步。在原地跑步时，可以采用加大动作幅度的方法控制运动量，如用高抬腿、大甩手臂跑等增加运动强度。

（5）定时跑。一种是不限速度和距离，只要求跑一定时间；另一种有距离和时间的限制，如在 6 分钟之内跑完 600 米，以后随运动水平提高可缩短时间，从而加快跑的速度。

2. 游泳运动

游泳运动是一项全身性的运动项目，所有的肌肉群和内脏器官都参加有节奏的活动，运动量与运动强度可大可小，速度可快可慢，很适合人们运动健身。

游泳可使心脏得到很好的锻炼，让你的心肌逐渐发达，收缩能力增强，能更好地促进机体的新陈代谢。这也是为什么游泳运动员的心脏跳动，在平时比一般人慢而有力。平常人的脉搏，安静时为每分钟 70~80 次，而长期参加游泳锻炼的人，在同样情况下每分钟在 50 次左右，这正是其心脏功能良好的具体体现。有的游泳运动员平时心跳只有 40~50 多次，但跳动时排出的血量就等于一般人 70~80 次心跳排出的血量。

游泳锻炼还能使神经系统功能增强，使你动作敏捷，反应灵活，并使关节得到锻炼。

游泳可以有效地锻炼全身的肌肉和关节，使肌肉发达。可以减肥，保持体型健美，并在力量、速度、柔韧、耐力等身体素质方面有明显提高。这也正是为什么那么多女性青睐游泳的原因。

游泳可以强身健体，预防疾病。由于经常在水中锻炼，体温调节机能改善，机体对外界的适应力会明显增强，且水流有舒筋活血、松弛肌肉的作用，对腰背痛、扭伤有治疗作用。不仅如此，游泳锻炼对冠心病、高血压、胃肠病也有一定的治疗作用。

游泳可以延缓衰老，使人青春常驻。它可以改善皮肤血液循环和新陈代

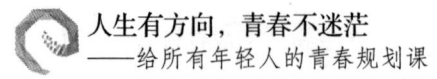

谢，推迟皮肤老化和预防皮肤病的发生。

除了这两种运动外，你还可以选择打篮球、打乒乓球、钓鱼等运动方式。需要注意的是，生命在于运动，运动贵在坚持，只要坚持运动，相信你就能够做到让自己远离烦恼，让自己心情变得舒畅，从而达到锻炼身体的目的。

生命是宝贵的，重视生命质量、保证身体健康是对自己负责任的表现。不要再抱怨没有时间、没有精力去运动了，关掉桌上的电脑，停住正要开动的车，去为我们的身体做一点运动吧。我们已经向它索要得太多，是该给予它关怀与呵护的时候了。

心鉴：研究发现，高强度运动可在饭后 2 小时进行；中度运动应该安排在饭后 1 小时进行；轻度运动则在饭后半小时进行最合理。据此可以推出几个最优运动时间段：

(1) 早晨时段：晨起至早餐前。
(2) 上午时段：早餐后 2 小时至午餐前。
(3) 下午时段：午餐后 2 小时至晚餐前。
(4) 晚间时段：晚餐后 2 小时至睡前锻炼可降低血糖。

爱好音乐、喜欢唱歌的价值和意义

热爱音乐喜欢唱歌的人，一般都是热爱生活的人，经常听音乐和唱歌，让人们生活态度更积极，更乐观，看问题更感性，不会钻牛角尖，情绪更稳定,对自己言行的自控能力也更强,可以说,音乐和唱歌这两种艺术形式,不仅给人们的生活带来了很多乐趣,也陶冶了人们的情操。

热爱音乐喜欢唱歌的人,他们情感丰富,性格温和,更喜欢与人打交道、交往,他们更善于结交到志同道合的朋友。同时这样的兴趣爱好,也可以让身体得到锻炼,尤其是肺活量也要比一般人发达,这些都有利于人们的身体健康。

音乐是一种艺术形式,陶醉在音乐世界里久了,不仅可以提高一个人的品位也可以让人的气质变得与众不同。具体来讲,音乐可以给我们带来哪些影响和熏陶呢?

(1) 热爱音乐可以培养我们的毅力、注意力、想象力,可以提高我们的智力特别是逻辑思维能力。音乐是声音的表现艺术,其音符的表现背后蕴藏着无限的意义。这便给我们的想象力及逻辑思维能力及跳跃性思维提供了无限的空间。我们可根据自己的想象来诠释自己心中的音乐。因此热爱音乐对提高我们的智力,让大脑的思维能力变得更敏捷都有极大的帮助,而对音乐锲而不舍的热爱则能更好地培养我们坚忍不拔的毅力。

(2) 热爱音乐能够让我们终身体验到音乐活动的乐趣。很多人在退休之后还要学习音乐,目的就是为了能够让自己的生活变得更加丰富多彩,能够体验音乐所带来的乐趣。只要你热爱音乐,就能够终身体验到音乐活动的乐趣,能够从更深的层次、更宽广的文化视野里享受到人类创造音乐所带来的快乐和愉悦感。

(3) 热爱音乐能够改善我们自我封闭的性格,完善我们的性格、陶冶我们的性情。在对音乐热爱的过程中,可以增加我们与同事、朋友、上司、客户、家人之间的接触、交流、沟通;我们可以通过音乐表达自己特殊的情感,可以宣泄我们不良的情绪;亲手熟练地演奏一个动听的曲目,可以激发我们积极主动的精神;不少性格内向的人通过学习音乐后,性情都得到极大的改善，处事待人，热情大方，更加喜欢与人沟通聊天，其转变之大经常令周围的人吃惊不已。

(4) 热爱音乐可以提高我们的气质与生活品位，使我们能够更好地控制和规范自己的行为。大多数人对学音乐的人总会评价他们有气质、有品位，音乐是一种艺术形式，艺术源于生活但又高于生活，人的气质和品位在音乐中得到提升，因此热爱音乐的人他的生活质量要远远超过一般人。热爱音乐可以培养我们的理性思考与感性思维能力，而人必须先控制住自己才能控制住音乐，正因为这样，热爱音乐的人更会理性思考，更懂得保护自己，他们能以从容乐观的精神面对未来的机遇与挑战。

(5) 音乐可以调节情绪，使我们精神得到放松，让我们记忆力增强，接受能力也得到提高。

人的心情很容易就会有起伏的时候，若能听些舒缓悠扬的音乐，会让我们精神平和、情绪稳定。热爱音乐也可以让我们掌握更好的思考方法，因为不懂得思考你是无法爱好音乐的。因此，这对我们今后的工作和生活都会带来莫大的帮助。

(6) 热爱音乐也能够让我们获得一项生存技能。随着社会生活和就业压力越来越大，竞争越来越激烈。由于对音乐的热爱，我们可以结交到更多的朋友。我们的演奏或表演使得别人更喜欢我们，更愿意与我们亲近。这给我们今后的工作及生活都将带来很大的帮助，会大大降低我们生存压力。

既然音乐可以给我们带来这么多的好处，那么唱歌又可以对我们产生哪些影响和作用呢？下面就让我们来看看，唱歌给人带来的价值和意义吧！

(1) 唱歌是一种非常有利于健康的运动！唱歌是有节奏的体内按摩，唱歌能冲开人体横膈膜，这种内部的循环按摩，是任何一项运动都代替不了的。

(2) 唱歌与练声均能扩大人体肺活量，增加肺泡通气量，提高呼吸功能。

唱歌和说话不同，唱歌时需要一定的力量，尤其是胸部的力量，胸部的力量增强了，肺活量才能增大。

据科学家统计，一般成年人的肺活量是3500毫升左右，而歌唱家的肺活量常在4000毫升左右。肺活量大了，呼吸的功能就提高了，所以唱歌是一种提高呼吸功能的好办法。一位声乐专家说："由呼吸控制的歌声才是音乐。"呼吸是歌唱的原动力，因此声乐界有"谁懂得呼吸，谁就会唱歌的说法。"由此可见，学习用正确的方法唱歌会使你受益匪浅。

(3) 唱歌可以改变一个人的心境和精神面貌，唱歌是特殊的心理疗法。纵情歌唱，让人荡气回肠，高歌一曲后，人的烦恼就会全部暂时忘掉了。好歌唱不停，唱出好心情。可见纵情欢歌，可以放松身心。唱歌的时候，人会变得紧张，但当唱完一首歌后，唱歌的人会随即放松下来。这一松一紧可以刺激人因为压力而变得混乱的自律神经，让人的身心得到舒解。

(4) 唱歌能够释放有助于静心的荷尔蒙，投入地演唱可以活动到许多平时很难活动到的脸部组织，可以抗衰老，维护皮肤弹性，防止皮肤老化。唱歌使人身心愉悦，焕发青春。

(5) 唱歌是全身运动，既锻炼了全身肌肉，又健脑。要想唱得好，就要动员全身各部位齐上阵，有人边唱歌、边手舞足蹈，身体随音乐变化或摇摆或昂首跷脚等，因此唱歌能调节身体各项功能，益于身心健康。唱歌使胸腹部运动协调，利于气血的运行，抑郁悲观人士经常练歌能激发对生活的信心和热爱。另外，经常高歌还能调气、运气、养气，可以起到保健养生的作用。

(6) 唱歌可以让人忘却忧愁。任何一首歌曲，无论是歌词、还是乐曲都有其固有的意境，歌中有情，情中有景，景中有境，境中有意。唱歌时带着丰富的情感将自己深深地处于音乐之中，无忧无虑唱歌才能唱得更美。人在这种情境中哪里还有什么忧愁。

(7) 唱歌可以让人结交朋友。很多人喜欢经常在社区或公园里一起唱歌，相互交流歌谱，交流唱法，交结朋友。有些地方还自发地组成了歌友会、合唱队，歌友们之间相处久了，大家除了唱歌之外还可以经常互通有无，谁家有事都能彼此之间互相帮助一下。这样一来，唱歌的人就变成了朋友，可见唱歌确实是一个结交朋友的不错的选择方式。

(8) 唱歌可以陶冶情操。唱歌是一种很高雅的文化娱乐活动，要唱好一首歌就要深入体会其歌词大意。用心去唱，用情去唱，将自己置身于歌词的意境中去，美妙的歌声不仅提高了自己的演唱水准，也给周围的朋友带来欢乐。尤其经常唱那些寓教于乐的好歌，的确可以提高人自身的修养，达到陶冶情操的目的。

(9) 唱歌可以延年益寿。唱歌是一件快乐的文体活动，人始终处于快乐的状态与环境中，无忧无虑，无烦无恼，身心必然是健康的。而健康的人就少得病，如此快乐健康地活着，人定会长寿。

可见听音乐和唱歌对人的影响有多大啊，我们如果想既锻炼身体，又结交朋友，就去热爱音乐，就去唱歌吧，相信你的情操在被陶冶的同时，也能收获到更多的人生乐趣。

心鉴：听音乐和唱歌是两种很受大众喜欢的娱乐休闲方式，人与人之间的情感可以通过听音乐和唱歌得到很好的交流和沟通。所以，那些爱好音乐、喜欢唱歌的人总是很容易就能交到朋友，给自己的生活增添很多乐趣。另外，听音乐和唱歌还可以陶冶一个人的情操，培养他与众不同的气质。可见这两种休闲方式能给我们的生活带来多少快乐啊！

第三章　要成就自身修养

阅读让你获益匪浅

培根说："阅读使人充实，会谈使人敏捷，写作与笔记使人精确。史鉴使人明智，诗歌使人巧慧，数学使人精细，博物使人深沉，伦理使人庄重，逻辑与修辞使人善辩。"高尔基也说："热爱书吧，这是知识的泉源！只有知识才是有用的，只有它才能够使我们在精神上成为坚强、忠诚和有理智的人，成为能够真正爱人类、尊重人类劳动、衷心地欣赏人类那不间断的伟大劳动所产生的美好果实的人。"这两位世界名人所说的话，都很精辟，都向我们很好地阐述了广泛的阅读可以给人带来的好处。如果我们想做一个对社会、对他人有作为、有贡献的人，那么我们就应该养成阅读的好习惯。

确切地说，阅读对人的影响和塑造作用是巨大的，它可以增长人的见识，开阔人的眼界。阅读可以让人避免孤陋寡闻，目光短浅。经常阅读的人，他的思想就像流水一样，是常变常新的，是永远不会枯槁的。阅读可以提高人的素养和品位，可以帮人树立正确的人生观和价值观，可以给人带来潜移默化的影响和改变。对一个人来说，读到了一本好书，可能从此就改变了自己的人生和命运，可见，阅读对每个人来说都应该是一件很重要的事情。

在今天，不爱阅读的人是没有前途的，也是没有希望和未来的。要不在这个世界上同样都是人，为什么有人活得很富足、潇洒，有的人却活得很艰辛、困苦呢？为什么人与人之间有这么大的差距呢？道理很简单，因为每个人的知识和能力不同啊。如今，世界上的一切竞争，都是知识的竞争、能力的竞争。如果你知识贫乏，技术又不如人，你怎么能够在竞争中超过别人，又过得比别人好呢？所以说，如果你想过得好一点，想过得更舒服一点，你就得善于学习，而学习的主要方式就是读书。如果你留意一下，在我们身边那些常抱怨自己生活不如意的人，大都是不喜欢读书的人。读书好比跑步，你读的书越多你就能跑得越快，你读的书越少你就会跑得越慢。而你与别人的差距，就是因为你比别人少读了很多书，因此别人会比你过得好。

如果我们不甘于生命的平凡和庸俗，就应该养成爱读书、爱阅读的习惯，有空时就经常多读一点书，在增长见识开阔眼界的同时，也让自己的能力和素质得到了提高，何乐而不为呢？那么具体讲阅读可以给人带来哪些影响和作用呢？

1. 获取知识

阅读是人类获取知识的一种主要手段。虽然人获取知识的途径有两个，一个是实践，一个是阅读。但是人的生命有限，能力有限，要想万事都亲自经历一番那是不可能的，所以阅读书籍就成为获取知识的一个重要途径和手段了。

俄国作家赫尔岑说："书——这是一代对另一代精神上的遗训，这是行将就木的老人对刚刚开始生活的青年人的忠告，这是行将去休息的站岗人对未来接替他的站岗人的命令。人类的全部生活，会在书本上有条不紊地留下印记：种族、人群、国家消失了，而书却留存下去。书是和人类一起成长起来的，一切震撼智慧的学说，一切打动心灵的热情都在书里结晶成形，在书本中记述了人类生活宏大规模的自白，记述了叫做世界史的宏伟自传。"可见书籍，是人类知识储存和传授的极有力的工具。从书籍里，人们可以迅速汲取人类几千年进化所积累的知识，使智力的发展一日千里；能冲破时空的局限看到世界，使视野的开阔度增加万倍，能从几代人那里获得大量有价值的信息。高尔基说："书籍是人类进步的阶梯。"人类的进步，倘若没有书籍的支撑，真的是一件不可想象的事情。可见，在科学技术飞速发展，知识也不断更新的今天，人要想获得更多的知识，只能去进行大量的阅读了。

2. 形成技能

虽然技能是从实践中获得的，但是离开知识的指导实践也是无法开展的。因此，人们可以通过阅读，去书籍中寻找规律，寻找方法，在书籍的指导下，通过不断地训练形成自己的专业技能。

书籍是前人的经验总结，书籍是劳动的工具，因此培根说："聪明的人懂得运用学问。"苏联有一个被称为"宇宙之父"的科学家，名叫齐奥尔科夫斯基，他少年时期患猩红热，不幸耳聋，被赶出学校。按理说他是成才无望了，但是他从莫斯科有名的图书馆里得到了书籍的滋养。日复一日，年复一年，从书架里成长起来的他，要求到一所中学当数学老师。学校一考试，这位年仅二十岁的年轻人显露出来的数学才能，使人们惊叹不已，连校长都急忙问他："你的老师是谁？"齐奥尔科夫斯基回答道："书籍是我的老师。"通过阅读，人的各种智力技能都会得到发展，比如一般的感知技能、记忆技能、思维技能等都是在阅读过程中形成与发展的。

3. 塑造完美的心灵

有一位名人曾说过这样一句话："书能影响一个人的心灵，读书可以改变一个人的气质，也可以培养一个完人。"为什么这么说呢？因为读书可以教人宽厚，心地善良，萌生纯真热情的气质；读书可以教人谦虚谨慎，持重内敛，衍生成熟稳重的品格；读书可以教人自强不息，不畏艰难锤炼刚毅坚定的神情；读书可以教人勤于思考，勇于创新，增添睿智深沉的个性。

常读书，读好书，还可以弥补人天生的不足，要知道人不怕长得丑，就怕没有好的心灵。长得丑不要紧，如果有了美好的心灵，必然会产生美的气质。托尔斯泰说："人并不是因为美丽才可爱，而是因为可爱才美丽。"所以古人讲："腹有诗书气自华"，"有书不读子孙愚"，"书犹药也，善读之

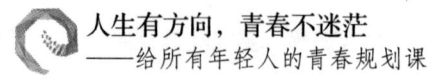

可以医愚"。在我国历代曾流传着这样一句格言：三代不读书，子孙皆如猪。可见自古以来，人们早已认识到读书可以怡情益德，轻鄙读书就会走上无知和愚昧的道路。

4. 读书与健身

据现代医学研究证明：常读优美感人的诗文，可以使人摒弃俗念，集中精力，放松情绪，进入一种轻松愉快、美妙超然的境界，促使肌体分泌出有益的激素、酶、乙酰胆碱，促进血液流量和神经细胞的兴奋和各种脏器的新陈代谢，从而达到健身祛病的目的。另外，在美国有一位叫勒纳的心理学家，也是积极地倡导"诗疗"的新医术。他让一些精神病患者、心理障碍者反复吟读精美的诗文，获得感情上的支持与感染，排遣心理上的烦恼，释放内心深处压抑已久的心理冲突，最后居然收到了奇迹般的治疗效果。

我国清代著名戏曲家、养生专家李渔在他的《闲情偶寄》一书中说道："予生无他癖，唯有好读书，忧借以消，怒借以释，牢骚不平之气借以除。"这样看来，读书对健身舒压，确实可以起到一定的作用。对于读书所具有的这个神奇的功效，你可能以前从来都不知道吧？不过话说回来，我们见识上的增长，眼界上的开阔，有哪一样的提升不是通过阅读得到的呢？

5. 寻找范例

人们阅读的本身，也是一种学习和模仿的过程，在阅读中可以找到可资模仿的范例。应用文写作时的例文，文学作品中的前人名作、会计基础中的表格，机械设备学习中的图纸等，都能起到范例作用。一个人如果在某个实践活动开始前就心中有数的话，他便可在阅读中寻找到范例。

6. 娱乐消遣

人在紧张的学习、劳动之余，阅读一些健康有益的消遣性读物，可以使疲劳的大脑得到松弛，使精神得到陶冶，从而有益于身心健康，提高工作效率。

7. 满足需要

人为了满足工作、交流、升学、求职等需要,经常要阅读大量东西。阅读这时就是一种客观需要,也是他要完成某一项工作任务的必经之路。

8. 超越自我

读书,点亮的是人的心灯。无论你从事什么职业,超越的梦想都是从读书时就开始酝酿的。九岁的时候,比尔·盖茨就已经读完了所有的百科全书;亚洲首富孙正义在23岁的时候,得了肝病,整整住了两年医院。在这两年当中,他阅读了4000本书,平均一天阅读5本书。书,不是五彩斑斓却可望不可即的海市蜃楼,而是人在茫茫戈壁迷失方向后抬头望见的北斗星。有书相伴,读书人必能做个明白人,无论艳阳高照,还是凄风苦雨,他都能沿着既定的目标坚定地走下去。善于读书的人,他懂得在书中想象,在实际生活中找寻自己的踪迹,于是他需要用语言去表达去创作,由读到写,就是一个实质性的伟大超越。

既然阅读对我们来说是如此重要,那么我们还犹豫什么呢?赶紧投入到书籍的海洋中去吧,去汲取你需要的知识和营养,去增长自己的见识、开阔自己的眼界,在遍览人类智慧果实的同时,你也可以收获一个充满智慧的人生!

心鉴:当你走进书店准备买书时,建议你:

(1)为了自己的身心健康,尽量远离那些内容不健康,甚至很低级、庸俗的书;(2)可以选择多读一些积极向上的职场书、专业书、人物传记等,为今后的工作发展打基础;(3)读书要做到广而专,即在大量阅读的基础上,对于特别好的书,要仔细钻研。

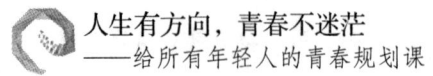

欣赏艺术品，彰显情操和品位

一个人的情操和品位可以通过他的一举一动来体现，一个人如果长期沐浴在艺术品的殿堂里，就会有一种超凡脱俗的气质，显得与众不同。

虽然艺术品的种类繁多，但是每一件艺术品，都凝聚了人的审美观点，都代表了人的一份情感在里面，都体现了人们对于美的不懈追求。那么对于不同的艺术品我们应该怎样去欣赏呢？

1. 欣赏书法作品

对于书法作品的欣赏，康有为曾提出了十条评论标准，即所谓"十美"："一曰魄力雄强；二曰气象辉穆；三曰笔法跳越；四曰点画峻厚；五曰意态奇逸；六曰精神飞动；七曰兴趣酣足；八曰骨发洞达；九曰结构天成；十曰血肉丰美。"不过对书法作品的欣赏，人们历来讲究的不外乎"形"、"神"二字。所谓"形"：指的是由特殊的笔画线条所构成的外形，包括字的笔画、字的结构、一幅字的布局；所谓"神"：指的是上述外形中内在的精神，包括笔力、气势神态、情感等各个方面。因此，欣赏书法作品，不仅要看一笔一画、一个字和整幅字的外形，更要看它的笔力、气势、神态。如果外形美观多姿，内在奕奕有神，这就是人们通常所说的"形神兼备"的好作品。

欣赏书法作品，可以从如下几个方面入手：

（1）字的笔画长短、粗细、浓淡是否多变适宜：汉字是由若干个线条式的笔画有机地组合而成的，在这若干个笔画中，尤其是一字之中的相同笔画，在字中不能长短、粗细、浓淡一模一样，应该有所变化。否则，字形就显得死板，单调，也就无艺术可言。

（2）字的"重心"能否给人稳健的感觉：字可以有很多种形态，但是不可以忽略字重心上的"稳固"。

（3）字势是否自然：宋代王安石有一句评论书法作品的名言："不必勉强方通神。"所谓"不必勉强"，就是历来书法家和书法理论家们都一致强调要自然得体。王羲之在给他的儿子王献之传授书法经验时说：字要"自然宽狭得所"，"分间布白，远近宜均，上下得所，自然平稳"。王羲之的书法之所以"独擅一家之美"，关键就在于他的书法作品都是"天质自然"的佳作。

（4）看整篇书法作品的章法、笔势是否一气呵成、融会贯通：一幅好的书法作品，犹如一幅好的山水画，它必然是字与字、行与行之间气势连贯，笔虽断而意却是相连的，能给人以无穷的遐想和强烈的艺术感染力的。书法作品中的落款、印章是整体中的有机组成部分，要注意是否用得恰到好处，起到锦上添花的作用；若是画蛇添足，也会有损于整幅作品的艺术性。

（5）看书法作品中的笔法是否有法度有新意：书法艺术具有极强的继承性，书写者必须遵守一定的法度。但是，仅有继承，甚至与古人写得一模一样，还称不上是真正书法艺术，充其量只能是他人的"奴书"，还必须在继承的基础上有所创新。因此，在评论和欣赏书法作品时，要看作品中能否正确地处理好继承与创新之间的关系。

（6）在欣赏书法作品时，要适当地了解其创作的时代背景。书法作品和文学作品一样，与作者书写时的心情有着密切联系，它的艺术风格常随作者的年龄和心情的变化而变化。因此，一定要把作品放到当时的历史背景中去评论和欣赏，才有可能得出正确的结论。

（7）欣赏书法作品要有一定的艺术想象力，防止以实论实：中国的书法具有象形性，字形是由特殊的线条笔画结构而成的，对于这样一种特殊的艺术，如果仅仅以实论实赋予一点想象就体味不出其中的妙处。所以，历代的

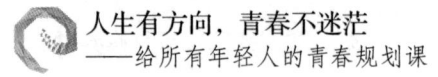

书法家们总是以丰富的想象力赋予书法艺术以合理的比喻。如王羲之把"横"、"竖"两画分别比喻为"如孤舟之横江渚"、"若春笋之抽寒谷"等。

（8）在纵观一幅书法作品整体美之后，还可从第一个字的第一笔看起，眼光一直跟随笔迹移转，按照原作者的笔意用眼用心把字"重"写一遍，从而把握书法的活力、意趣、风格和境界，才能有效地提高书法的欣赏水平。

不过，在欣赏书法作品时，除了以上这几点之外，还应该注意下面这些问题：

（1）多欣赏原作。探索书法美，提高欣赏水平，必须多看原作，因为印刷品多是由大的原作缩小印刷的，一米或几米的作品缩印成只有十几厘米或几厘米大小，往往失真。如同真实的风景和风景的照片相比较一样，从一张风景照片上是无法体验到走进真山实水中那种心旷神怡的感觉的。而我们面对书法原迹，既可远观，又可细加品赏，用笔技巧、墨色变化都可清晰地展现在眼前。

（2）多读书。提高书法欣赏水平，与学识和阅历的提高是分不开的，要想提高欣赏水平和层次必须有多方面的学识作支撑，如哲学、文学、历史、美学以及音乐、舞蹈等多方面的知识，都应通晓。因此想提高自己欣赏书法作品的水平，就要多读书，增长自己的见识。

（3）书法创作实践。要想提高自己欣赏书法作品的水平，不但要学习书法，还应亲自进行书法创作实践，只有书法家才能敏锐地感觉到书法作品中那些细微的美妙之处，就像只有诗人才能在诗作中感受到那种难以言状的、震撼人心的微妙处一样。没有对创作的深刻体验就难以获得书法作品中最深层的意蕴。

2. 欣赏中国绘画作品

对于一般人来说，欣赏一幅绘画作品往往以能否"看懂"为标准，他们的欣赏步骤是：画的是什么？画得像不像？画家画这种形象的寓意是什么？

第三章 要成就自身修养

如果都回答出来了，便认为是看懂了，如果回答不出来，便认为是看不懂。用这种方法来欣赏中国画，一般来说，工笔的、写实的作品就容易欣赏，因为它具体、真实，看得懂。但如果是粗放的、写意的作品，尤其是水墨写意的作品，就较难欣赏了，因为它不写实，形象不具体，就看不懂，而且更无从知道作者的寓意了。当然，一般人用这种方法欣赏绘画是完全可以理解的，因为画得像，看得明白，才容易引起联想、产生共鸣。但是我们必须明白，一幅绘画作品的好坏，却不是以"像"或"不像"来衡量的。

就艺术而论，我们衡量一件绘画作品的好坏，或我们欣赏一件绘画作品，首先不在于它像或不像，而在于绘画作品的主题，或者说绘画作品中所辐射出的某种观念、某种思想、某种情绪，能否紧紧地抓住观赏者的心弦，能否给人以充分的艺术审美享受，并使人从中获得某种启迪和教育。应该说，这才是一切艺术作品的真正目的。像与不像仅仅只是作品达到目的的一种手段而不是目的本身。因此像与不像就不能作为衡量作品的好坏或欣赏作品的标准。

那么，画家们是怎样来看画的呢？就国画而言，内行人看画一般是看画面的整体气势，用美术术语来说就是先体味其"神韵"，或者"神似"，然后再看它的笔墨趣味、构图、着色、笔力等，最后才看它的造型，即像不像或"形似"。内行人的这种抓"神韵"的欣赏方法当然是抓住了实质，因为"神韵"就是一种很高的艺术审美享受，常常是中国画家们追求的目标。

当然，一般人要从画面中去体验到一种"神韵"却并不是一件容易的事，那不但需要一定的审美能力、艺术修养，也还需要具备一定的绘画方面的基础知识，特别是通过绘画而训练出来的一种"感觉"。所以要很好地欣赏绘画，还得具备多方面的才能和艺术修养。

但是，如果我们从以下几个方面去欣赏绘画作品也许更能理解一些。有人提出，艺术的欣赏需要经过审美感知、审美理解和审美创造三个阶段，那

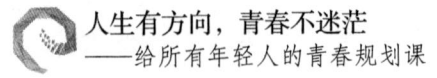

么从这样三个方面去欣赏绘画作品是很有道理的。

审美感知就是要求我们直观地去感知审美对象,即艺术作品本身,我们可以去感知作品上画的是什么?画得像或是不像,色彩是鲜明的或是灰暗的,线条是流畅的或是笨拙的,表现手法是工笔的或是写意的等等,总之要自己亲自平心静气地进行直观感受才行;第二步,在审美感知的基础上进行审美理解,即在直观感受的基础上,进行理解和思考,把握作品的意味、意义和内涵。这种理解包括对作品的艺术形式和艺术技巧的理解;对作品表现的内容和表达的主题的理解;以及对作品的时代背景和时代精神的理解等,这就需要充分调动我们的思考能力。

我们可以一步一步地想下去:作品画的内容要表现什么?是怎样表现的?所采用的艺术手段是否恰当?能否充分地表达出主题?同时,透过作品的画面,猜测作者的心思,是热情地歌颂或是辛辣地讽刺;通过画面的气氛,体验画面的情调,是深沉或是豪放,是乐观或是悲伤。另外,还可以根据已有的知识结构,结合作者的身世、创作特点和所处的时代背景等进行分析。到了这一步,艺术的审美欣赏并没有完结,还有一个审美创造阶段,就是通过审美的感知和审美的理解后,在对作品审美的基础上进行再创造,通过自己积累的审美经验、文化知识、生活阅历等进行丰富的联想、升华出去,再创造出一个新的意象来。这样,你才能真正获得启迪和教育,欣赏绘画才获得了真正的意义。

3. 欣赏电影作品

只要是优秀的影片,无论导演讲述了一个多么虚妄的故事,它都是能经得起推敲的。而且当你看完整部影片后,再把影片串起来想一遍的话,你就会得出一套完整的理论,这便是导演诠释故事的逻辑。这时你会惊讶于导演讲故事的能力,原本你感到奇怪的台词这时会像谜底一样,既合理又出乎意料,这便是欣赏一部好电影的乐趣了。

对于一部完整的电影，我们欣赏它的步骤顺序一般是这样的：

（1）品片名

片名，就是电影的具体名称，片名不仅是个称谓符号，它还包含着如下含意：

①文化含义：片名包含着制作者对观众的诱导和暗示，因为它在一定的文化环境中，自觉不自觉地体现出一定的文化内涵。

②统领意义：片名起得新巧，固然给观众联想的余地，起到审美作用，但最实际的，还应是看片名是否承担了统领、指向影视片本体的职能。换一个角度，就是看片名是否和电影内容相关或者一致。有的好片名不仅切合影视片内容，而且对帮助观众理解电影主题也有提示性的作用，更有评论的必要。

（2）品导演

①导演构思：为了把剧本转变成电影，导演要从整体上构想未来电影内容与形式的各个方面。这里既有对影视片的基调、样式、风格、人物等方面的确定和追求，又有对各门类艺术家的具体要求，这也是导演艺术创造力的体现。

②导演手段：导演为塑造银幕形象，要在电影中利用多种具体的表现手段，通过故事和人物感染观众。导演手段包括：画面的运动和镜头的运动；镜头之间的组接；音乐、语言的运用；场景交换；气氛烘托等。

③导演风格：优秀导演在优秀电影中实现着自己的追求，有异于其他导演的追求、创造的特点，从而形成了自己独特的风格。一般地，将突出的特色称为风格。风格，是主要特色的集中表现。评论导演风格不仅是对导演创造力的一种衡量，也是对评论者鉴赏力的一种衡量。不能把风格的帽子随便乱戴，也不能对明显的风格视而不见。

(3) 品主题

在电影作品中，主题蕴藏在整个画面、声音所构成的整体银幕形象中，在作品内容展现与形式中显露出来。和这点相关，主题还可以在电影主要人物形象的塑造上，在主人公的命运中，体现着生活、社会、人生的意义。电影对主要人物的塑造可以反映出作品的基本思想倾向。

(4) 品演员

①演员对角色的表演。演员对角色的表演是在导演对影片的总体要求下进行的，有一定的限定性；同时又是在自己对角色理解的基础上来完成的，有一定的自由性。在角色的规定性限制中创造有血有肉、有特征的角色，是对演员在表演上的一个要求。

演员的表演，需要有高度的理解力、丰富的想象力、准确的表现力、多向的模仿力等。演员的表演，要根据角色的规定，多方运用声音、神态、动作等手段，将角色展现给观众。

演员的表演，还需要演员有强烈的感情，以充沛的激情注入角色的创造与表演之中，又要求以生动的形象或角色来感染观众，以使观众深深地进入特定情境来感受、评价生活与艺术。

②演员对角色的创造。在一部电影中，对演员表演技巧的评价原则是：自然、可信、感人、个性。

自然：是指演员所表现的角色，既符合生活中的社会现实，不能看出有明显的人为加工的生硬痕迹。

可信：是指由于角色符合生活规范的统一，而获得观众认可。符合生活规范不见得可信，只有生活规范与艺术规范统一，人们才能在观赏艺术时，既是评判生活，又是在进行审美活动。

感人：指角色能给观众以审美的震撼力，演员只有对角色投入了激情，赋予了创造，才能使得人物形象动人心魄，取得感人的艺术效果。

个性：个性是创造的标记，演员在角色中牢牢打上创造之后所产生的印记，个性便获得了。能否获得个性，能否达到创造，是演员演技是否成熟的主要分界点。

(5) 品摄影摄像

大卫·波德维尔在《电影艺术：形式与风格》中提出一个建议，认为应该把一部电影看做是一个整体，尽可能把形式纳入考量的范围，他提出了三个标准：一致性、复杂性和原创性。

那么，对于一部电影，我们应该怎么来评价它的摄影呢？

①先看光，每个镜头中光是怎么用的，下一个镜头的光有什么变化，有没有投影的变化，有没有黑天白天的变化，有没有阴天、下雨。

②背景是什么，与前景的关系，它是怎样变的。

③有没有运动，是画面内的被摄体在运动，还是摄影机在运动，是水平运动多，还是纵深运动多。

④运动的动与静的关系，是前景有运动，背景没有；或是背景有运动，前景没有；或是前后景都有，或前后景都没有。

⑤音乐用在哪里；有没有主题歌，有作用吗？音乐与人物动作（或称表演）关系，音乐与摄影机运动的关系，音乐与色彩变化的关系，音乐与对话的情绪及节奏的关系，音乐与自然音响（噪声）的关系等。

⑥如果是故事片，情节的转折点是用什么手段来表现的，是用嘴皮子说出来的，还是无声的段落。如果是你的话，你能用无声把这一段落表现出来吗？

⑦画面上人物关系的变化，有变化，还是没有变化。

⑧画外空间是怎么用的，是作为画面内的空间的延伸，还是另外一个非叙事的空间。

⑨对话写得是否生活化，还是舞台腔，写得好吗？

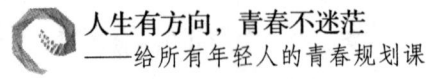

⑩每个镜头中人物都穿什么颜色的服装,也就是说,有没有色彩的调度,即作为流动色彩来使用。

⑪道具的使用,在地域、民族、文化方面体现得准确吗?

生活是一个万花筒,我们需要艺术品来点缀生活。在这个世界上,艺术品分很多种类。只要我们愿意抽时间去欣赏它们,我们不仅可以感受到它们动人的美,还可以提高自己的艺术修养和品位,那我们何乐而不为呢?

心鉴:艺术品的种类有很多,如果有条件你可以去欣赏更高雅的艺术形式,比如:去大剧院观赏一部缠绵悱恻的话剧、歌剧;去音乐厅听一场世界级的音乐会……对于陶冶你的情操、提高你的品位都会有很大帮助。

第四章　要学会独立思考

　　为自己活着，人就应该有独立的思想，这是每个人区别于他人的地方。人在遇到事情时，最应该求助的是自己而不是别人。勇敢地问一下自己："我该怎么办？"勇敢地去处理问题，而不是等着别人来救急。独自处理问题，是人保持思想独立的重要标志。独立的思想是人的灵魂，它不是天生就有的，是需要后天努力培养的。提高自己独立思考问题的能力，发自内心地去做一件事，不仅是每个人义不容辞的责任和义务，也是人在工作、生活中有所收获的重要保证。

第四章　要学会独立思考

遇事要有自己的主见

在人的一生中，会遇到大大小小很多事情。会有很多的选择等着你去做决断，会有很多的挑战和困难等着你去克服。可以说人生就是一条奔腾不息的河流，其中的险礁和暗滩都是我们躲避不了的，是谁都要经历的。每当这个时候，你不要奢望上帝来到你的身边，拉你一把，要知道这个世界根本就不存在上帝。

一个人无论遇到多大的事情，都请你不要慌张和患得患失。人贵有自助、自救的魄力和勇气，遇到事情你要知道，没有谁会无怨无悔地帮助你一辈子的。作为一个成年人，就该具备思想上的独立性，当事情来到你的面前时，你首先应该问问自己：我该怎么办？

不论在工作上、生活上，你遇到什么事情，你得有自己的主见，得有自己的思想，你不能人云亦云。

玛格丽特·撒切尔，出身平民，是英国历史上第一位女首相，而且连续3次当选（1979—1990），也是20世纪在位时间最长的首相。她在重大国际、国内问题上，思路清晰，观点鲜明，立场强硬，做事果断，在相当长的一段时间里影响了整个英国乃至欧洲，被誉为欧洲政坛上的"铁娘子"。

然而，撒切尔夫人绝非政治天才，她的性格、气质、兴趣等都深受父亲的影响，从小就被培养出魅力四射的强势个性。

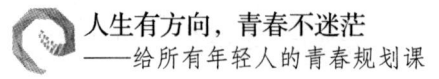
人生有方向，青春不迷茫
——给所有年轻人的青春规划课

她的父亲罗伯茨是一个鞋匠的儿子，通过自己的努力，开了一个小杂货店以维持生计。罗伯茨爱好广泛，热衷于参加政治选举。所以，玛格丽特从小便接触政治、历史、人物传记等方面的书籍，接触到各种社会活动以及政治活动。

玛格丽特的家教非常严格。从小父亲就要求她帮忙做家务，10岁时就在杂货店站柜台。在父亲看来，他给孩子安排的都是力所能及的事情，所以不允许女儿说"我干不了"或"太难了"的话，借此培养孩子独立的能力。此外，他还谆谆告诫女儿不要盲目迎合他人。

玛格丽特入学后才惊讶地发现：同学们有着比自己更为自由和丰富的生活，劳动、学习和礼拜之外的天地竟然如此广阔而丰富多彩。他们可以与朋友一起在街上游玩，可以做游戏、骑自行车、去山坡野餐，这一切都是那么诱人，那么令人愉快。

于是有一天，她鼓起勇气跟父亲说："爸爸，我也想去玩。"罗伯茨脸色一沉，说："你必须有自己的主见！不能因为你的朋友在做某件事情，你就也得去。你要自己决定你该怎么办，不要随波逐流。"

见孩子不说话，罗伯茨缓和了语气，继续劝导玛格丽特："孩子，不是爸爸限制你的自由。而是你应该要有自己的判断力，有自己的思想。现在是你学习知识的大好时光，如果你想和一般人一样，沉迷于游乐，那样一定会一事无成。我相信你有自己的判断力，你自己做决定吧。"

父亲的一席话深深地印在了她的脑海里。是啊，为什么我要学别人呢？我有很多自己的事要做，刚买回来的书还没看完呢。

罗伯茨经常教育女儿，要有主见，有自己的理想。特立独行、与众不同最能显示一个人的个性，随波逐流只能使个性的光辉淹没在芸芸众生之中。他经常向她灌输这样的观点："无论做什么事情都要力争一流，永远走在别人前面，而不能落后于人。即使是坐公共汽车，你也要永远坐在前排。"

第四章 要学会独立思考

事实证明，父亲的教育极大地影响了女儿的一生，使她养成了坚忍不拔、勇争上游的个性。学校经常请人来校演讲，每次演讲结束，玛格丽特总是第一个站起来大胆提问。不管她的问题是幼稚还是尖锐，总是能够脱口而出，而其他的女孩子则往往怯生生地不敢开口，她们只能面面相觑或抬眼望着天花板。

中学时，玛格丽特是学校辩论俱乐部的成员，演讲从不怯场。尽管演讲技巧一点也不高超，她却从不放过上台演讲的机会。有一次，因为她讲的内容大家不感兴趣，时间又比较长，台下开始响起嘘声和讽刺嘲笑声。渐渐地听众都走光了，可玛格丽特直到坦然地演讲完毕才停止。许多同学都不理解她这种突出的个性，但她对别人的议论毫不在意，一直维持着独立自信、我行我素的个性。

大学时，学校要求学五年的拉丁文课程。玛格丽特却凭着自己顽强的毅力和拼搏精神，硬是在一年内全部学完了，而且成绩名列前茅。她不仅在学业上出类拔萃，在体育、音乐以及学校的其他活动方面也都一直走在前列，是学生中凤毛麟角的佼佼者。她的校长评价：她无疑是我们建校以来最优秀的学生，她总是雄心勃勃，每件事情都做得很出色。

玛格丽特·撒切尔夫人的人生经历告诉我们，一个人要想出类拔萃，就必须要有自己独立的思想，在处世的过程中，你要有自己的主见和观点，不做鹦鹉学舌，人云亦云。

在工作和生活中，那些常常能博得我们欣赏或钦佩的人，一般都是有思想和有主见的，这些人都不是墙头草，哪边来风就往哪边倒的主。遇事先问自己该怎么办，是一种独立的、主人翁的思维，这样的思考方式，可以让我们在某个领域有所建树。而做一个有思想有主见的人，永远都是成功人士的首选，也是成功人士身上所具备的鲜明的优点。

在我们的人生中，有很多的成功和机会都是由自己做出决策，自己去勇

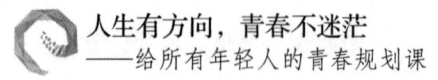
人生有方向，青春不迷茫
——给所有年轻人的青春规划课

敢地把握到的。生活是自己的，自己的路需要自己去勇敢地走，顺与不顺，只要自己尽最大努力了，这样人生就不会空留遗憾了，再说即使失败了，你也是虽败犹荣。更何况有时你也会取得成功呢？

吴士宏，一个颇富传奇色彩的女人。她本是一名普通的护士，通过自学获得英语大专文凭，1985年应聘IBM公司并被录用，从勤杂工做起，经过十载奋斗，成为IBM华南分公司总经理。1998年2月，她又成功跳槽微软，成为微软中国公司的总经理。1999年，为达成"将优秀的国际企业做成中国的，把优秀的中国企业做成国际的"职业理想，她从微软辞职，加入TCL集团有限公司，任TCL集团常务董事副总裁和TCL信息产业（集团）有限公司总经理。

这位闻名遐迩的"打工女皇"，在事业的扉页就已经浓墨重彩地书写了自己的勇气。她在应聘了IBM公司、完成从小护士到大公司白领的飞跃故事，已经流传甚广。

那是1985年，抱着个半导体学了一年半《许国璋英语》的吴士宏，壮起胆了来到IBM公司应聘。站在长城饭店的玻璃转门外，她足足用了五分钟的时间来观察别人是怎么从容地步入这扇神奇的大门的，才尽量从容地照样迈进去，但她的脚步没有一丝犹豫。

在顺利通过两轮的笔试和一次口试后，吴士宏遭遇了难关。主考官出人意料地问她："你会不会打字？"

"会。"吴士宏条件反射般地说。

"那么你一分钟能打多少？"

"您的要求是多少？"

主考官说了一个数字，吴士宏马上承诺说可以。她环顾了四周，发现现场并没有打字机，果然考官说下次再考打字。

实际上，吴士宏从未摸过打字机。面试结束，她飞一般地跑了出去，找亲友借了170元买了一台打字机，没日没夜地敲打了一个星期，双手疲乏得连吃饭都拿不住筷子了，但她竟奇迹般地达到了考官说的那个专业水准。过了好几个月她才还清了那笔债务，但公司一直没有考她的打字功夫。

吴士宏的传奇从此开始。

吴士宏在应聘IBM公司时，她完全是通过自己全力以赴的努力才应聘成功的。可见无论我们遇到什么样的事情，都要把希望和成功的机会寄托在自己的身上，先问问自己的心：我该怎么办？从而激励自己勇敢地面对机遇和挑战。

下面就让我们看看一只猴子的困惑吧。

曾经有一只猴子，十分羡慕人的生活，做梦都想变成人。它知道猴子和人最大的区别就是多了条尾巴，要变成人就要从砍掉自己的尾巴开始。于是它拿起刀，闭上眼睛，准备动手了。但动手之前，猴子犹豫了，它想：砍掉尾巴会不会很痛？它可是很怕痛的；还有，砍掉尾巴以后，身体还能不能保持平衡，自己还能不能保持灵活性，能不能活得长久？它可不想因为砍去尾巴而死掉；再就是，自己一生下来就有这条尾巴，都这么多年了，要抛弃它还真是不忍心！猴子一直都在想这些问题，所以迟迟无法下手。直到今天，猴子仍然被这几个问题所困扰，也一直没有变成人。

遇事先问自己：我该怎么办？意思是说你要有自己的主见，要有自己的观点，面对事情，要能自己做出判断，而不是把希望寄托在别人身上。要做到这些，就该让自己远离困惑的搅扰，做自己命运的主人，做自己人生的主宰者。要知道，你的人生是属于你自己的，你需要为自己活着，而不是为别人或其他人。

心鉴：在这个世界上不存在救世主，如果有的话那也只能是我们自己。学着自己去处理事情，学着自己去解决问题，这不仅是一种可贵的品质，也

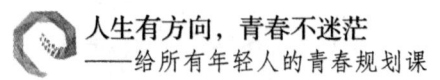

是提高自己动手能力的一个途径。如果你什么事都等着别人来为你解决，你会发现自己到最后将什么事都办不成。自己动手，才能丰衣足食，说的就是这个理。如果你想做生活的强者，就请你从现在开始尝试自己去解决问题吧。

养成独立思考的好习惯

现在的人们，因为长期生活在城市的水泥森林里，出入乘公交，上下楼有电梯，生活上舒适便捷多了，人却变得越来越懒惰。什么事都不想自己思考，什么东西都买"傻瓜牌"的，等真正遇到问题时就束手无策了，因为长期不思考导致一些人丧失了独立思考的能力。

今天科学技术的发展已经到了炉火纯青的地步，在社会生活的各个领域，科学技术已经把人类一个又一个的梦想变成了现实，甚至连"登月"这样的神话都早已被实现。这些成就的取得，都告诉我们：世界上没有做不到的事情，只有你想不到的事情。养成独立思考问题的好习惯，可以让你保留自己的观点，让你想到很多解决问题的方法，这种精神在任何时候都是弥足珍贵的。

人的脑子是越用越灵活的，你思考得越多，思考问题的能力就越强，分辨事物的能力就越强，处理事情的能力也就越强。平时养成独立思考问题的习惯，不仅是你能力的体现，也是让你获得同事认可、上司信任的法宝。

苏联作家高尔基曾说："懒于思索，不愿意钻研和深入理解，自满或满足于微不足道的知识，都是智力贫乏的原因。这种贫乏用一个词来称呼，就

第四章 要学会独立思考

是'愚蠢'。"如果我们想成为一个具有独立思考能力的人，就应该在平时对自己进行多方面的培养，例如在生活细节上，尽量坚持大小事情都自己做；遇到问题时一定要自己想办法解决，解决好了你就成长了，进步了。平时养成独立思考问题的习惯也是你有所发现、有所突破、有所创造的前提。

很多人在实际生活中，在绝大多数的时候，往往是作为"被动人"而存在的。人云亦云的场面，大家想必是屡见不鲜了；更有甚者，往往是别人怎么做，他就怎么做，完全不假思索，也不管这种做法是否正确或者是否适用于自己。如果你运气不错，或许跟风能带给你意想不到的好处，但是，我想对大多数人来说，跟风只能意味着徒劳，也可以说是失败！

当你接触到一种新的观点时，你必须首先思考，这种观点是否有道理。绝不能因为是专家学者说的，就认为是金玉良言，然后死板地照着做。大家可能经常听到有人说，现在读书没用。这毫无疑问是谬论！有没有用不仅取决于你是否有真才实学，还取决于你是否能够学以致用！

有位哲人说过这样富有哲理的话：这个世界不缺能干活的人，缺的是会思考的人。为什么有的人成就了伟业，有的人却碌碌无为一辈子？其实，成功只是更青睐善于独立思考的人。

有一天深夜，著名现代原子物理学的奠基者卢瑟福教授走进实验室，看见一个研究生仍勤奋地在实验台前工作。

卢瑟福关心地问道："这么晚了，你在做什么？"

研究生答："我在工作。"

"那你白天做什么了？"

"我也在工作。"

"那么，你整天都在工作吗？"

"是的，老师。"研究生有点暗喜，似乎期待着卢瑟福的赞许。

卢瑟福稍稍想了一下，然后说："你很勤奋，整天都在工作，这自然是

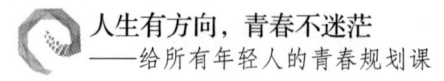

很难得的。可我想提醒你的是,你有没有时间来思考呢?"

世界著名的成功学大师拿破仑·希尔曾写过《思考致富》一书。为什么是思考致富,而不是努力工作致富?希尔强调,最努力工作的人最终绝不会富有。如果你想变富,你需要思考,独立思考而不是盲目行动。

年轻人虽然是活力四射,但精力也是有限的。他们中的大多数人,在闹钟的提示中起床、吃饭、工作、回家,从一个地方逛到另一个地方,事情做完一件又一件,好像做了很多事,但却很少有时间从事自己真正想完成的目标。可见一个人,在平时没有养成独立思考问题的习惯,他就不会有对生活的总结和感悟,就像一辆没有站台的火车一样,完全失去了行驶的意义。

一个人如果能养成独立思考问题的习惯,可以给自己带来很多益处,这种习惯可以帮助一个人把不可能变成现实中的成功。

曾经有一位韩国学生到剑桥大学主修心理学。在喝下午茶的时候,他常到学校的咖啡厅或茶座听一些成功人士聊天。这些成功人士包括诺贝尔奖获得者,医学、物理、化学等领域的学术权威和一些创造了经济神话的人,这些人幽默风趣,举重若轻,把自己的成功都看得非常自然和顺理成章。他一直在思考,原来不是所有的人都有艰辛的创业历程,他甚至怀疑,自己被一些成功人士欺骗了。那些人为了让正在创业的人知难而退,普遍把自己的创业艰辛夸大了,也就是说,他们在用自己的成功经历吓唬那些还没有取得成功的人。

作为心理学学生,他认为有必要对韩国成功人士的心态加以研究。后来这位韩国学生把《成功没有你想象的那么难》作为毕业论文,提交给现代经济心理学创始人威尔·布雷登教授。布雷登教授很高兴这位学生以此作为研究课题,因为在此之前还没有人涉足这个领域。

这本书鼓舞了许多人,从一个新的思维角度告诉人们,只要你对某一事业感兴趣,愿意积极地进行独立思考,一切都皆有可能。而如果你只是接受现实，不对问题进行多方面的独立思考，那么成功就会与你失之交臂。

后来，这位善于独立思考的青年获得了事业上的巨大成功，他成为韩国著名企业泛亚集团的总裁。

这位韩国大学生的人生经历告诉我们：善不善于独立思考问题，有没有这样的一个善于思考的好习惯，将直接关系到你将来能否以自己的智慧和勇气取得事业上的成功，进而获得别人的赞扬、钦佩和认可。

所以说，在平时养成独立思考问题的习惯，对一个人取得事业上的成功，具有极其重要的影响和作用。它让我们不做一个人云亦云的应声虫。也许在日常生活中，我们的想法很幼稚，很不成熟，还会有点儿不切实际，但是又有谁能说我们不能按自己的想法做呢？

其实不论是在学校还是在社会，养成独立思考问题的习惯都是你行走职场必须具备的一个本领！如果说在学校里"凡事没有主见"，只是让你沦为一些人的笑柄的话，那么在社会上"凡事没有主见"则很可能毁掉你的一生！这绝不是危言耸听，如果你不相信，最好的证明方式就是你自己去做一个"凡事没有主见的人"，这样我们就不需要举那些例证了，因为你自己就是最好的例证。

那么我们究竟应该怎么做，才能在平时养成独立思考问题的习惯呢？具体来说有下面这些方法供你参考学习和借鉴。

（1）懂得享受寂寞。很多人思考问题是喜欢安安静静的，安静的环境也容易让人去静静地思考。所以如果一个人的时候，可以想一些有意义的问题，慢慢地就会独立思考了。

（2）给自己信心。你需要做的是经常给自己打气，即使你做错了也要慢慢思考错的原因，只有这样你才能在学习中不断取得进步。

（3）当做一件事情时，如果你不满意一时的解决方法，你大可趁此机会多设想几种可能，如果能形成这种习惯，那么你已经在独立思考了。

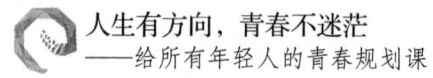

（4）每件事都尝试着不去依靠他人，尽你最大的努力。不要抱有反正我做不好还有别人能帮我做的思想，一开始就打定主意一个人做。

（5）多质疑。"事情真的是他所说的那样吗？"多推理"按他那么说将会怎样呢？"多发表自己的意见并理智地坚持；对问题的态度是：我要自己解决。

（6）多看点有用的书，增加自己的内涵。

（7）不盲目相信任何话，包括别人说的和书上说的。

一个人如果想在活着的时候，让生命变得有价值，就得养成独立思考问题的习惯，要知道它不是科学家、发明家和伟人的专利，每一个人都可以拥有独立思考的能力。这个习惯具有神奇的力量，它可以开启心灵，激励生命。人生离不开独立思考，独立思考问题是人生命运动的一部分。当面对人生中的困难时，我们不可以轻言放弃，因为我们可以用独立思考问题的好习惯来改变现有的状况。当我们一无所有只剩一颗脑袋时，同样可以开创属于自己的人生。

心鉴：平时养成独立思考问题的习惯，遇到事情时，不要去看别人是怎么说的，不要去问别人是怎么想的，更不要人云亦云，而要学会自己去思考，去归纳总结，去探究事情的真相。独立思考问题的方式和方法应该有很多种，你可以采用逆向思维、发散性思维去思考问题，也可以从事情的结果、发生的原因去思考。但有一点，你需要注意，不要让自己的思维受到桎梏和束缚，这是你在考虑一件事情时首先要学会规避的事情。

第四章　要学会独立思考

不是勉强，而是自觉自愿地去做

人的一生非常短暂，在这有限的生命里，我们做的每一份工作，都充满了压力。如果此时你再对自己所做的事情不感兴趣，我敢保证你在工作和生活中所过的日子将会变得非常艰难，你将很难竞争过那些自觉自愿去做事的人。因此我们说，一个人无论对工作还是对生活，他都不应该勉强自己去做事，应该去做自己感兴趣的事，只有这样工作和生活对于他来说才是一种享受，才会感受到生命的价值和活着的快乐与美好。

成功学大师拿破仑·希尔说过："要想获得这个世界上最大的奖赏，你必须像最伟大的开拓者一样，将所拥有的梦想转化成为实现梦想而献身的激情，以此来发展和销售自己的才能。"拿破仑·希尔所说的激情其实就是要自觉自愿地去做一件事。据美国《今日心理学》杂志报道，一般人可能认为，成功只需要一个聪明的脑袋，但事实上，对于大多数成功者来说，聪明并不是第一位的，更重要的是你能够自觉自愿地去做一件事，并对这件事投入全部的爱、喜欢和坚守。德国数学家伐尔廷斯对于"费马大定理"就有着异乎寻常的投入和专注。那种感觉就是非常喜欢、非常激动，正是因为他能够自觉自愿地去做这件事情，才让他坚持这么多年而不放弃。

历史上发生的许多巨变和创造的奇迹，不论是社会、经济、哲学或是艺术，正是因为参与者自觉自愿地去做，投入了百分百的努力和热情才得以实现的。拿破仑发动一场战役只需要两周的准备时间，换成别人则需要一年，之所以会有这么大的差别，正是因为拿破仑是自觉自愿地去安排和做这件事

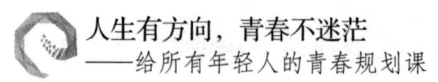

的，所以他取得了辉煌的战绩。

雅诗·兰黛是许多年来《财富》与《福布斯》杂志等富豪榜上的传奇人物。这位当代"化妆品工业皇后"白手起家，凭着自己的聪慧和对工作、事业的高度热情，成为世界著名的市场推销专才。由她一手创办的雅诗兰黛化妆品公司，首创了卖化妆品赠礼品的推销方式，使得公司脱颖而出，走在了同行的前列。

她之所以能创造出如此辉煌的事业，不是靠世袭，而是靠自己自觉自愿地去工作的执著，靠自己对工作的喜爱之情。在80岁前，她每天都能精神抖擞地工作十多个小时，她对待工作的态度和旺盛的精力实在令人惊叹。今天的兰黛名义上已经退休了，而实际上，她照例会每天穿着名贵的服装，精神抖擞地周旋于名门贵族之间，替自己的公司做无形的宣传。

雅诗·兰黛无论在工作上还是在事业上，都能够做到自觉自愿地去做一件事，所以，她最终靠着自己的努力和付出，取得了事业上的辉煌业绩。她的人生经历在令我们感到惊奇和赞叹的同时，是不是也能给我们带来一些启发呢？

在这个世界上，很多人因为对待自己的工作不能做到自觉自愿地去做事，最后不得不输给了别人。这些人不知道自己为何需要这份工作，不知道自己该怎样去努力，才能让自己脱离平凡，所以他们最后还是沦为了平庸之辈罢了。

一个人如果能够自觉自愿地去做一件事，能够时刻对工作保持激情和动力，他都会认为自己所从事的工作是世界上最神圣、最崇高的一项职业，无论工作的困难是多么大，或是质量要求多么高，他都会始终一丝不苟、不急不躁地去完成它。

麦当劳汉堡店内的员工，他们的工作很简单，并且有一套非常有效的生产作业体系在背后支援。他们也很少遇到不寻常的要求，跟客户打交道也不会面临很多困难。但就是这么简单的一份工作，员工们都是自觉自愿地去认真对待的，都是发自内心地想把工作做好的，因此他们永远面带微笑，非常有礼貌地向客人请示。自觉自愿去做一件事，让麦当劳汉堡店的员工们工作速度既快，质量又好。

如果在工作中，你能够自觉自愿地去做好每一件事，你就可能变成职场中的佼佼者，这对你今后事业的发展会起到积极的推动作用。

美国的《生活》杂志曾经总结了"对美国最有影响力的100个人"，其中有一位就是戴尔·卡耐基。他们认为，要不是因为卡耐基，许多大企业家很难有今天这样的成就。

毕业后，卡耐基换过好几种工作：跑去演戏，不成功；跑去当业务员，不成功。后来，他独自住在纽约州一间破旧的公寓里，对未来发展感到希望渺茫。当时的卡耐基只有23岁，他问自己："卡耐基，这就是人生吗？这就是你在大学中梦寐以求的生活吗？还记得当时你想完成的大事吗？现在，你在做什么？你每晚带着头痛回家，因为你厌恶这份工作……"

经过一番考虑，卡耐基决定从应用专长开始，改变自己的人生命运。他主意已定，他的新计划是，白天写作，晚上到夜校教书。但是该教些什么呢？卡耐基想起自己一向擅长的演说。

一开始，卡耐基遭到当地几所大学的拒绝。他决定在基督教青年会试试看。他选择了纽约市规模最小的一家，希望成功率高一些。不过，青年会的经理对他的讲座不感兴趣。

但经理邀请他出席一个社教之夜活动，由他演讲来娱乐嘉宾。

卡耐基利用这个机会演讲，引起观众热烈的反应，就连经理也改变了心意。他同意让卡耐基办讲座，但是不答应付一晚上两美元的费用，而是采用分红制度：来多少学生，就抽多少费用。

讲座课程开始时，情况不佳。他讲完了演说的历史和理论基础，发现所有的学员看起来都无精打采。于是,他灵机一动,请后排的一位男士上台:"请为我们做个简短的即席演讲。"

"讲什么呢?"

卡耐基迟疑了一下说:"就谈谈你自己吧!告诉我们你的背景及生活。"

这位学员说完了,再请下一位学员,渐渐地,卡耐基发展出一套团体沟通的教学理念。不到几个月,他就在美国东岸所有的青年会开班授课。受欢迎的程度,连他自己都十分意外。

后来,卡耐基训练机构正式诞生。不久,卡耐基将他的研究心得与学员演讲结合起来,写成了《卡耐基沟通与人际关系》。没想到,这本书为卡耐基赢得了美名:它至少有36种语言的译本,并在18个以上的国家和地区出版。

卡耐基早年的人生经验告诉我们,人需要自觉自愿去做一件事的动力和勇气,这是我们找到自己兴趣爱好所在,改变自己人生命运的开始。每一个人,只有自觉自愿地、全心全意地去做好一件事,你才可能找到做好这件事的最佳途径,改变你的人生处境。

对我们每一个人来说,能拥有工作是幸福的。美国汽车大王亨利·福特曾说:"工作是你可以依靠的东西,是个可以终身信赖且永远不会背弃你的朋友。"连拥有亿万资财的汽车业巨子都还如此地热爱工作,那么我们似乎也难以找出对工作不自觉自愿地去做好它的理由吧。

爱默生说:"一个人,当他全身心地投入到自己的工作之中,并取得成绩时,他将是快乐而放松的。但是,如果情况相反的话,他的生活则平凡无奇,且有可能不得安宁。"

一个人如果在工作中,能自觉自愿地去做一件事,这个人肯定是受到了某种东西的鼓舞,而鼓舞为工作提供了能量。赋予你所做的工作以重要性,鼓舞就会产生了。即使你的工作不那么充满魅力,但是只要你善于从中寻找意义和目的，你对工作都会慢慢自觉自愿地投入，并将它努力地做到最好。

自觉自愿地去做一件事，是我们对工作产生热情，把工作熟练做好的前提和基础。你没有对工作的兴趣和爱好，你是永远都不可能在某一个行业和领域中有所建树的。拿出自己百分百的热情，自觉自愿地去做好一件事，是我们从平凡走向卓越的分水岭和试金石。如果你能做到这些，你会发现原来很平凡的生活也会变得很美好。

总之，如果一个人不能自觉自愿地去做一件事，他是不可能始终如一且高质量地完成自己的工作的，更不可能做出创造性的业绩。如果你失去了对一件事情自觉自愿的投入，那么你永远也不可能在职场中立足和成长，永远不会拥有成功的事业与充实的人生。

心鉴：在今天这个世界上，人要想取得成功也很简单，一是做你自己最想做的事；二是把你最想做的事做到最好。因此我们说，人做事应该是发自内心的，而不是勉强自己所为的，否则你不仅做不好事情，只能浪费自己大量的宝贵时间和精力。这也是世界上很多人每天尽管忙忙碌碌地工作，却没有什么收获和成就的原因所在。

如何培养女人独立思考的能力

有人说，女人是水，容易随波逐流，做事情的时候总爱先看别人是怎么做的，然后再在此基础上做出与之相似的决定。的确，女性遇到事情时会有从众心理，这种随大流的心理能给女人提供经验和便捷的做事方法，也容易

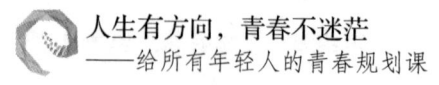
人生有方向，青春不迷茫
——给所有年轻人的青春规划课

让女人失去主见和独立思考的能力，会因为盲从而对事情做出错误的判断。不仅大大削弱女人的竞争力，也让女人自身的魅力大打折扣。所以，对一个女人来说，培养自己独立思考的能力，就显得至关重要。

女人要想真正做自己命运的主人，过自己想过的生活，就得培养自己独立思考问题的能力。在女人周围，有不少人喜欢人云亦云地"凑热闹"和"随大流"。女人受此影响，可能也会习惯性地认为，大众所追求和热捧的东西就是受人欢迎的，自己若不从众便会沦为不受欢迎的人，那么做事就会有障碍。可是作为一名女性，我们也应该明白，凡事都有两面性，众人追捧的东西并不等于就是好的、正确的，人云亦云的行为也不见得就适合自己。

作为一名女性，你应该具备独立思考的能力，它是你幸福人生的保证。在这里提供25个处方，供你参考、借鉴和学习。

（1）坚持锻炼，提高思维敏捷度。生命在于运动，有时间进行一下体育锻炼，不仅可以保持一个曼妙的好身材，还可以增长女人的心智和才智。经常锻炼的女人，当她们思考问题时，思维更清晰、更敏捷，反应更快，头脑会更清醒和理智。可见锻炼，有利于女人提高独立思考的能力。

（2）时刻保持清醒的头脑。女人，在今天这样一个时代，如果你想培养自己独立思考的能力，你就得让自己有一个清醒的头脑。清醒的头脑，是你进行独立思考问题的最佳伙伴，它可以让你少犯错误。另外，面对工作上的各种压力和挑战，你只有头脑清醒，才能独立思考问题，寻找解决问题的办法。试想一下，如果我们头脑乱如一锅粥，思维乱如一团麻，你甚至有可能会做出错误的判断来，这在职场上将是一件多么可怕的事情。

（3）跳出惯性思维的牢笼。女人，你要知道，惯性思维就是一个可怕的牢笼，有多少次，你那奇思妙想的好点子都是被它给无情地扼杀掉了的。新时期的女性朋友，在进行独立思考问题的时候，要善于摆脱惯性思维的束缚，甚至还可以进行一点点的创新。惯性思维的存在会抹杀我们独立思考问题的热情。要知道,当一个人用惯性思维就可以解决了的事情,他是不会去绞尽脑汁地思考问题,寻找问题解决的办法的。时间长了,女人的独立思考能力只能下降,不会提升。

(4) 置身事外,远处观之。古人有诗云:不识庐山真面目,只缘身在此山中。在日常工作生活中,当我们对棘手的问题百思不得其解的时候,不妨让自己的思维暂时从短路状态中抽离出去,暂时置身事外,好好地休息放松一下疲累的神经和大脑,说不定你就会迎来事情转机的机会。置身事外,远处观之,是从更高的一个境界里,来思考问题解决问题,处理事情。可见,把事情暂时地放一放,也能提高我们独立思考问题的能力。

(5) 遇到事情,尝试自己去解决。在世人的眼里,人们常把女性视为弱者。但是女人不能也在不知不觉中把自己看成弱者。遇到事情时,不要总想着搬救兵来灭火来救急,女人得注意培养自己独立思考问题的能力。遇事要先问问自己:我该怎么办?我该怎么处理?抱着这种积极的心态,然后自己想出问题解决的办法。时间长了,你的独立思考能力肯定会变得更加强大。另外你又可以摒弃依赖心理,何乐而不为呢?

(6) 对事情要有自己的观点。当代女性,我们对事情的看法,不能停留在人云亦云的层面上,我们得有自己的观点。这需要我们面对问题时,要用自己的智慧,去独立思考问题,看待问题。要明白别人说的话不一定就是对的、就是适合自己的,我们得保有自己的观点才是。如果你能长期这样做,你的独立思考能力将会得到大幅度的提升。

(7) 要有理财的习惯。在今天,广大女性朋友,可以在工作之余培养自己理财的习惯。这样做不仅可以锻炼你独立思考问题的能力,还可以让你合理支配金钱,让平时花销变得科学、合理也更有价值。

(8) 要有自己的品位。对于一个女人来说,如果你没有自己的品位,这会大大削减你的个人魅力。女人,如果你喜欢用某款国际知名品牌的香水,那就坚持自己的喜好,大胆地用吧,别怕别人说你奢侈或小资;如果你喜欢听音乐会、看画展,那就大胆地喜欢吧,哪怕它们的票价不菲。要知道,这些东西都体现了你的品位,付出一点金钱上的代价,也是值得的。要知道,有品位的女人,更有思想、更能拥有独立思考问题的机会,她的独立思考能力也注定要比一般人强得多。女人如果想多宠爱自己一点、对自己好一点,就请保留你的品位吧。

(9) 要有自己的追求。在今天,知识更新换代很快,没有追求的女人注定缺乏竞争力。天生丽质的女人能给人带来惊艳的感觉,可是孜孜以求的女人,更能得到别人的尊重和认可。今天的女性朋友和男人一样,在职场上打拼自己的事业,用娇弱的身躯实现人生价值。追求,让女人积极地思考问题、解决问题,让女人透过事情的假象直接看到本质。可以说,女人要想变得卓越,要想培养自己独立思考问题的能力,就不能放弃自己的追求。

(10) 减少抱怨,多进行积极的思考。生活中可以让女性抱怨的事情简直是太多了,比如老板对你不好,自己薪水很低,男友刚和你分手了等。可是你有没有发现,你抱怨这抱怨那,最终你的处境得到改善了吗?没有。所以,停止抱怨,从现在开始思考,自己应该为改变目前糟糕的处境,采取哪些有效的措施和行动。当你不再抱怨了,你会发现自己变得聪明起来,你会发现自己独立思考问题的能力提高了不少。

(11) 善于站在对方的角度思考问题。女人,如果你想培养自己独立思考问题的能力,就要善于站在对方的角度去思考问题。时间长了,你的心态会变得无私起来、宽容大度起来。女性只有抛却私心杂念,考虑事情才能更有深度和宽度,考虑问题才会更深入、更全面,思考能力才会得到锻炼和提升。

(12) 办事要讲究效率。时间就是金钱,效率就是生命。今天,办事高效的女人,她的思考能力也都是出类拔萃、卓尔不凡的。如今职场上的很多

第四章 要学会独立思考

"白骨精"（白领、骨干、精英）都是这方面女性的代表。如果你觉得自己独立思考能力不强，你可以学着和那些行业中优秀的女人处朋友，像对方那样去思考问题，解决问题，时间长了相信你的独立思考能力就会得到提高。

（13）认真做好工作。工作都是一件很辛苦的差事。但女人在工作中的付出，也都会得到工作相应的回报的。工作之所以辛苦，就在于它需要我们时时调动自己的脑细胞，想想这件事情应该怎么解决，那件事情应该怎么做才能做得更好、更恰当一点。只要一工作，我们的大脑就得处于高速运转的状态中。因此，女人，努力做好你的工作，它也是你培养自己独立思考能力的一条捷径。

（14）用读书开阔视野。书籍是人类进步的阶梯，是人类智慧的来源。读书，可以增长见识，陶冶性情，使女人的思考变得更缜密，使女人变得更睿智。读书不仅使女人更有内涵，而且可以开阔女人的视野，让她们时时都可以站在一个高度上，思考自己的人生，思考自己的事业，思考自己的今天、明天和未来。

（15）学会发自内心地微笑。微笑的益处多多，不仅能够美容，还能传达出许多语言无法传达的信息，从而使对方更深切地体会到自己的感觉。这便是微笑的魅力。女人的微笑，虽然不见得会取得"回眸一笑百媚生"的夸张效果，但是它代表了女人淡定、从容的心态和气场。这样的女人，如果有人怀疑她没有独立思考问题的能力，那简直是侮辱了她的智商。经常面带微笑的女人，会让人觉得她更独立、更有独立思考问题的能力，而事实也的确是这样的。

（16）对自己要有信心。自信对一个人的影响是非常大的，它就像我们的灵魂一样，影响着我们的思想和行动。作为一名女性，我们应该让自己变得自信，充满力量。女人只有自信了，别人才会相信你，你才能获得机会。当机会来临时，你就会思考该怎样才能抓住它，实践它，这样一来，你的独

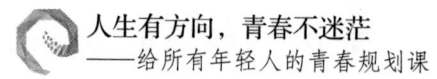

立思考能力就在一天天中逐渐地积攒起来了。

（17）学会自我欣赏。优秀的女人，一般都会进行自我欣赏。她们明白自己身上的优点，也拥有得体的装扮、优雅的举止、丰富的学识，这些无一不透出成熟女人高贵的气质和个人魅力。能正确自我欣赏的女人，无论在工作中，还是在生活中，遇到要处理的事情时，总会考虑到自己内心的感受。她们会独立思考，知道自己该如何做事。这样的女人光彩照人，落落大方，让男人在仰慕的同时又有些敬畏。

（18）让自己表现得更成熟一点。成熟女人的优点是有着较丰富的人生阅历、超群的才华、处事干练。充满智慧的熟女很少有人在美貌上与青春少女一斗高低，而是更重视通达人情，处变不惊，谦逊豁达，知进退、明事理，以其内在的成熟与自然来表现出迷人的魅力。女人让自己变得更成熟一点，思考问题的能力自然也会变得成熟睿智起来。

（19）有个性。每一位女性，之所以与别人不同，是因为她身上独特的个性。如果女人想做世间独一无二的自己，你就得保持住自己的个性。面对身边的人和事，按照自己的意愿做出判断，加以解决，你会发现自己在办好事情的同时，还收获到了极大的快乐。所以说女人，当你面对事情时，去个性化地处理一下，又何妨？每位女人身上的个性，都是自己独特的标签，当你持有和保持住了这个标签，你才是你自己。这时的女人，才是能进行独立思考的女人。女人，你个性上的特点需要你用生命去保护。

（20）学会爱自己。女人，我们要学会爱自己。要知道，你只有先爱自己了，才能指望别人来爱你。爱自己的女人，为人处世懂得满足自己的需要，她不会无缘无故地受到别人的左右和影响。这样的女人，知道自己想要的东西是什么，她知道该怎样实现自己的目标和计划，才能让自己生活得更好。爱自己的女人，都是具有独立思考能力的女人。男人会因为她的自尊和自爱而更加欣赏她思考问题的能力，也会更加珍惜她、疼爱她。

（21）懂得适时地放弃。对于我们再怎么努力都终究无法取得良好结果的事情，女人要懂得适时地放弃。比如曾经深爱你的人，如今离你而去了，这时你就勇敢一点选择放弃吧。要知道一味地纠缠下去，只会让你迷失自己。而人一旦迷失了自我，就容易丧失自己独立思考问题的能力。所以说，女人做事要懂得适时地放弃，如果你不想就此丧失自己思考能力的话。

（22）永远都不要否定自己。世界上，没有十全十美的东西，包括人在内。身为女人，我们永远都不要否定自己。正确看待自己身上的优点和缺点，要知道只要利用得当，你的缺点也可以变成优势。在这样一份清醒的思考中，你会一分为二地看待自己的优势和劣势，你会审视自己目前拥有的一切，你会清醒地规划自己的未来。

（23）有自己的社交圈子。人是群居的动物，我们女人当然也不例外，甚至女人因为心理和情感上的优势，更喜欢与别人打交道、沟通和交流。所以说，女人，你在平时工作、生活之外，还应该有自己的社交圈子。多和别人交流、沟通，你才能接收到更多的思想和观点，在丰富生活的同时，也能增长见识。朋友可以给你以启发，让你茅塞顿开，豁然开朗，从此纠结的事情不再纠结，工作中的困难也会迎刃而解。当然，你也会对自己进行反省和思考，加上朋友的提携，你独立思考的能力也就上去了。

（24）要走出去，不做宅女。人只有走出去，才有机会接触到外面广阔的世界，才能接触到各种各样的人，了解他们的想法和观点。女人，你的大脑需要新鲜事物的刺激，才能更好地运转和工作。因此，只要有时间就出去走走吧，多看看外面的世界，只有你见多识广了，你独立思考问题的能力才会得到提高。试想一下，如果你整天待在家里，对外面发生的事情和信息都不知道，都不了解，那么你还有什么东西可以去思考呢？

（25）做一个有主见的女人。不管工作有多忙，生活有多累，朋友对你的帮助有多大，任何时候都要做一个有主见的女人。女人因为可爱而美丽，

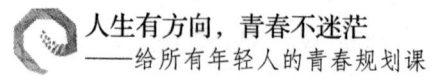

一个有主见的女人，会让别人觉得你有自己的思想，进而觉得你很可爱。女人不要做一个人云亦云的应声虫，要知道你的独立思考问题的能力，你的思想、你的见解，都是你更好生活下去的筹码。如果你坚持做个有主见的女人，你会发现，你不仅学会了独立思考，拥有了过人的思考能力，你的生活也会因为自己的参与和设计，而变得丰富多彩起来。

女人学会独立思考就是要有自己的思路，有属于自己的想法，有个人的独立见解。女人有了会思考的头脑，才能让自己懂得自己，只有看懂自己，女人才能找到适合自己的生活方式和工作方式。只有这样，女人才能给自己一个比较可靠的将来。

心鉴：女人独立思考问题的能力和水平，整体上来说要比男人差一些，因此，在职场和生活中，女人更容易吃亏，更容易受到不公平的对待。所以说，女人需要不断提高和充实自己，需要提高自己解决实际问题的能力和水平，需要细心地揣摩别人的心理，唯有如此，女人才能做好工作，把握好自己的未来。

如何培养男人独立思考的能力

男人在今天的社会上扮演着重要的角色，他们不仅担负着推动社会前进的重任，也是家庭里的支柱。在今天，一个男人有没有独立思考能力，关系到事业上的成败，关系到家庭生活的幸福和安稳。

对于一个男人来说，对事情有自己的看法和理解，能独立地思考问题，解决问题，这对男人的个人发展和事业成功来说，是至关重要的。今天的男人都想成功，都不甘于平凡。因此既然独立思考能力对男人的成功有很重要的影响，那么男人该怎么做，才能培养自己独立思考的能力呢？下面提供25个处方，供男性朋友参考和学习。

（1）要经常锻炼身体。地球人都知道，经常锻炼和运动，是人们保持身体健康的法宝。男人有时间的话，要经常锻炼一下身体。运动可以帮男人提神醒脑，增加其肌肉强度和心肺功能。爱运动的男人也是充满生活激情的，同时运动可以让男人远离烦恼，心情变得非常愉快。于是当这些男人进行独立思考时，精力会变得更加集中和专注，而他们的独立思考能力也要比那些不爱锻炼身体的人强得多。

（2）尽量少喝酒。酗酒可以损伤男人的大脑，使其记忆力下降，使男人的智商和判断力明显减低。经常醉酒还可以导致血管痉挛、呼吸肌麻痹，而长期酗酒还会给男人带来很多身体上的危害。

可见，如果男人真的想培养自己独立思考问题的能力，就得让自己远离酒水，不要再受其祸害了。

（3）身体健康是一切的基础。如果没有了健康，男人的一切都将无法得到保证。无论男人多么优秀、多么出类拔萃、多么才华横溢都将变得没有任何意义。只有有了身体上的健康，男人才会有兴趣、有精力去培养自己独立思考问题的能力。只有身体健康的男人，才会有条件去做自己喜欢的事情，而在做事的过程中，男人的独立思考能力也将得到锻炼和提升。

（4）积极迎接困难和挑战。无论在工作中，还是在生活中，男人都会遇到困难和挑战。勇敢的男人、有能力的男人，不会向这一切低头服输的，他们会勇敢地对困难进行挑战。男人在面对困难和挑战时，他们会开启自己的智慧，运用自己的大脑去独立思考问题，解决问题，在这个过程中，他们会想尽一切办法去战胜困难和挑战。如果他们不这样做，他们就会失败，而失败却是男人最不愿意接受的事实。所以说，对男人来讲积极地迎接困难和挑战，不失为培养自己独立思考能力的一个好办法。

（5）保持乐观的生活态度。男人的心态决定了男人所办的事情能否收到预期的效果。好的心态不仅有利于男人身心健康，也有利于男人培养自己独立思考问题的能力。保持乐观的生活态度，让男人更愿意积极、主动地思考问题，乐此不疲地寻找问题得以解决的灵丹妙药。即使做事失败了，他也会积极地去思考自己失败的原因，并及时总结经验和教训，避免自己下次重蹈覆辙。因此，与一般人相比，这样的男人，更具有独立思考问题的能力。

（6）要有明确的奋斗目标。男人如果没有明确的奋斗目标，他的生活一定会充满了迷茫和困惑的。男人通过积极主动的思考，为自己确立了奋斗目标。然后，为了实现这个奋斗目标，男人必须学会思考实现这一目标的具体做法，可以说，就是为了一个奋斗目标的实现，男人得进行多少次的独立思考啊？

（7）对工作要有计划。一个男人的工作，如果具有计划性，说明这个男人在工作中变得成熟起来了。要知道，工作计划的制订本身就是男人进行独立思考后的结果。而为了实现自己工作计划中的目标，男人需要不停地思考为了实现这个工作计划，自己需要采取哪些步骤。需要注意哪些细节上的问题。需要怎样把握进度等这样一些难题。可见对工作要制订计划，也是培养男人独立思考能力的一个捷径。

（8）勇于承担责任。作为一个男人，如果你很不愿意承担起责任，那么你不会受到任何人的欢迎的，甚至在职场上，你也别想让别人对你尊重有加。而对于一个勇于承担责任的男人来说，当他遇到该自己承担的事情时，他不会逃避和推脱，他会勇敢地接受。强烈的责任感可以很好地挖掘出男人潜在的独立思考问题的能力，他会从自己的角度，对方的角度，甚至是别人的角度去认真思考事情，寻找问题解决的措施和途径。他不会把自己冥思苦想的差事推给别人,他会认为这是自己分内的事。时间长了,男人的独立思考能力就会培养起来。

(9) 不断进行学习和充电。学习让人变得聪明睿智,男人也不例外。经常学习、充电的男人,工作技能不仅得到了提高,同时视野也变得开阔起来。学习让男人懂得了总结经验与教训,学会了去粗取精、去伪存真,学会了明事理、辨是非。知识是男人进行独立思考的基础,头脑中的知识越多,男人进行独立思考的能力就越强。可以说,学习帮助男人进行独立思考,它决定了男人独立思考能力的强弱,更对男人一生的发展产生重要影响。

(10) 热爱自己的事业。男人如果热爱自己的事业,他就会对事业投入全部的精力和热情。男人为了事业上取得成功,他会殚精竭虑、没日没夜地工作、思考,思考、工作。事业这时就像男人的情人一样,男人为了它的明天,可谓是竭尽全力地投入。投入自己的时间和精力、爱心和责任感。热爱自己事业的男人,为了事业的发展,他会拼出自己全部的才华和精气神。可以说,男人的独立思考能力,就在他对事业的狂热追求中慢慢培养出来了。

(11) 努力、认真地工作。努力、认真地工作,代表一种严谨的生活态度。工作离不开思考,工作的地方,也是最能锻炼男人独立思考能力的地方。与上司怎样处理好关系,才能获得上司的赏识;与客户怎样谈判和沟通,才能合作成功;与同事之间怎样相处,才能让工作更顺利地开展下去。像工作中这些重要的事情,都是需要男人认真地反复思考后才能作出处理和决断的,并通过努力地工作才能使事业得以成功。所以说,努力、认真地工作最能锻炼人,最能锻炼出人独立思考问题的能力。那些可以认真对待工作的男人,在考虑问题方面绝对不会是笨人。

(12) 对自己充满自信。男人应该对自己充满自信。自信的男人更有活力,他们从不怀疑自己独立思考问题的能力。遇到问题时,自信的男人总是相信自己的能力,会主动找到问题解决的办法,他甚至还会得意地认为自己

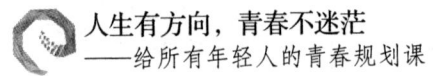

想出来的办法就是最好的、最棒的、最科学、最合乎逻辑的。虽然他们的建议和想法会让人产生自负的嫌疑，但是与那些一遇到事情不相信自己、干等着别人提意见、支招的人比起来，自信的男人显得更可爱、更有魅力。自信的男人，更乐意对新事物产生兴趣和好奇心，他们会更主动地思考问题，从而积极推动事情的发展。

（13）要有处变不惊的魄力。喜欢看影视剧的朋友，肯定不会忘记电视电影中，我们的男主角在枪林弹雨的夹攻下、在黑恶势力的围追堵截中、在面临生死存亡的紧要关头，临危不乱、镇静自若地与敌人进行搏斗、周旋的场面吧。这里表现的就是男主角过硬的心理素质。在现实生活工作中，男人也应该具备这种良好的心理素质。这时的他之所以不慌不乱，是因为他心中已经有了自己的想法，他已经想好了应付一切突发事件的办法和策略。

（14）远离贪心，无欲则刚。贪婪是魔鬼，男人如果贪欲过重，自己的心底防线和理智都会被贪欲这个魔鬼俘虏，最终迷失了自我，从而犯下严重的错误。人只有在头脑清醒的情况下，才能思考问题，具有独立思考问题的能力。但是人一旦陷入了贪婪的泥潭中，只能是越陷越深，都迷失掉自我了，还谈什么思考啊？这时的思考，对于一个贪婪的家伙来说，还有什么意义吗？因此远离贪心，也是培养男人独立思考能力的一个方法。

（15）学会模仿成熟男人的为人处世的方法和策略。成熟的男人，风度翩翩，不仅具有绅士风度，还懂得拿捏事情的火候，因此成熟的男人一般都很有魅力。这样的男人一般情商都不低，都属于站在人群中具有很不错影响力的人。成熟的男人，遇事时注意察言观色，能从别人的情绪变化中，猜到人家心里的想法，而这一切信息的获得，成熟男人都是通过自己的独立思考能力完成的。成熟男人，能从事情的表象看到事情的本质，这就是他们的厉害之处和过人之处，也是他们的魅力之所在。男人，如果你觉得自己的思考能力不够强，你可以让自己去模仿成熟男人为人处世的方法和策略，时间长了，你的独立思考能力就会提上去了。

（16）稳重处世可以让你有更多的思考空间。稳重的男人，给人一种可信赖、可依靠的感觉。他们做事丁是丁、卯是卯，按部就班，一个步骤一个步骤地向前推进，让人感觉非常踏实。男人的稳重是与他的阅历有关的，而阅历让男人学会思考，学会用自己的观点分析生活中点点滴滴的人和事。稳重的男人就是一面会独立思考的镜子，他的一举一动都不是作秀给人看的，都是事先经过考虑而做出的有目的之举。可以说，遇事三思而后行，是大多数稳重男人的处世信条。

（17）培养自己的小嗜好。著名压力管理教练蓝道夫认为，人如果专注于你感兴趣的事物上，脑神经内自然会释放一种传导物质，将心跳减缓，让身心变得平和。这时男人更容易进行思考问题，更容易培养自己独立思考问题的能力。所以说，男人有空的时候，可以尽量培养自己一些小嗜好，比如，你可以画画小人，可以在橡皮擦背后做雕刻等。这也是培养男人独立思考能力的一个办法。

（18）适时给自己减压。当男人感到压力过重，有点支撑不住的时候，可以学着给自己减减压，也给自己一个放松和调整身心的机会。男人只有暂时远离压力，才有机会看到导致压力产生的原因，才有机会对下一步的行动进行调整。这样一个休养生息的过程，也是男人进行思考、反省、总结的过程。男人只有学会减压，才能获得思考的机会，而对问题反复思考得多了，男人的独立思考能力想不提高都很难。

（19）放弃也是一种智慧。男人，如果在你经过一番努力后，还是得不到你想要的东西和结果，那就选择放弃吧。男人，你应该明白，如果你把精力过多地纠结在一件无果的事情上，时间越久你只能越受伤害，到最后你甚至会因此而迷失了自己。那么你就别指望自己还会有独立思考的能力了。所以说，男人，如果你想培养自己独立思考的能力，就应该懂得适时地放弃。

要知道适当地放弃，是为了更好地得到。

（20）要有自己的骨气。有骨气的男人，都是有自己的思想和见解的。男人与其说因为自身的骨气而赢得他人的尊重，还不如说是因为其自身坚持的观点和想法而让人钦佩。可见，要有骨气，也是男人培养自己独立思考能力的一个途径。

（21）看淡名利。如果男人对名利看得过重，不仅有时会深受名利所累，甚至还会受其所害。把名利看得淡一点，男人，你才能有机会去享受淡泊而宁静的美好生活。人只有在放松的状态下，才能搞懂自己所处的状态是否正常，是否走在自己想走的道路上。把名利看得淡一点，多享受一下美好的生活，你会获得更多独立思考问题的机会，你才能想得更远更全面。

（22）多和受人尊敬之人相处。男人多和自己尊重钦佩的人相处，在与对方的交往过程中，对方身上一些优秀的思想和处世风格就会对男人产生积极的影响。经常和一些比自己优秀的朋友待在一起，时间长了，男人自己也会变得优秀起来。这其中就包括自身独立思考能力的提高。

（23）积攒起好人脉。好人脉可以为男人带来很多好处，工作上的难题可以帮你出谋划策，生意上的事情可以给你牵线搭桥。更为重要的是，人脉多的男人，可以接触到各行各业优秀的人才，他们的成功之道，处事的技巧，经商的策略都可以给男人带来影响和启发。这些人对男人哪怕细微的帮助，都可以提高和培养男人的独立思考能力。可见好人脉，也是男人培养自己独立思考能力的一条捷径。

（24）学会经营婚姻和家庭。经营好婚姻也是一门艺术，男人如果能经营好自己的婚姻，他的独立思考能力也会得到提高。男人在婚姻中，如果不善于独立思考问题，解决问题，不懂得站在爱人的角度为对方考虑，不懂得为孩子的成长作长远的打算，不懂得为照顾双方老人身体健康和生活起居而做细致周密的考虑等，都会导致婚姻出现问题甚至是危机。可见，学会经营婚姻，也是锻炼男人思考能力的一个不错的办法。

（25）做一个好丈夫。男人应该做一个好丈夫。一个好丈夫不仅可以为爱人遮风挡雨，更懂得用自己的独立思考能力为爱人提供精神上的支撑和安慰。天底下的好丈夫，其特点也都是相似的，他们愿意为家庭承担起责任，当爱人工作上、生活上遇到困难了，他愿意耐心细致地为其考虑，帮其想办法、解决问题，帮她渡过难关。在这个过程中，男人会充分发挥自己独立思考问题的能力和水平，争取在爱人面前好好表现一番。因此，男人爱老婆，也是可以锻炼他的独立思考能力的。

当代社会赋予男人的担子很重，他们无时无刻不在承受着压力。因此培养独立思考能力，不仅有利于男人很好地开展工作，获得美满幸福的家庭生活，更有助于男人成就自己的事业和人生。

心鉴：今天的男人虽然活着很累，但是没有独立思考能力的男人将会活得更累。这样的男人将如同木偶般被人指使，受人差遣；这样的男人在家中没有地位，日子会过得很惨。其实男人的魅力不在于你长得多么高大魁梧，而在于你有没有能力独立思考问题，妥善处理事情。

第五章　要学会控制情绪

在今天的职场上，如果一个人不善于控制自己的情绪，把所有的情绪都挂在脸上，那么这个人在别人眼中不仅毫无魅力可言，只能让人敬而远之。人要想让自己变得成熟，要想在职场上有所收获，就应该学会控制自己的情绪。因为情绪不仅可以帮我们做成一件事，也可以让我们做事失败，赔了夫人又折兵。而情绪给我们带来的影响是天堂还是地狱，就看你自己怎么去把握了。人要想学会控制自己的情绪，做事就不要冲动，要学会三思而后行；要克服心中的恐惧感，让自己远离焦虑和忧愁的困扰；要能时时给自己营造一个快乐的心境，让自己的每一天都过得有价值。

第五章　要学会控制情绪

情绪对人的影响是不容忽视的

　　情绪可以治病，情绪也可以致病，好的情绪可以使人做成一件事，坏的情绪却可能让人搞砸一件事，这就是情绪给我们带来的影响。

　　所以说，我们每个身处职场的人，要学会控制自己的情绪，尽量减少情绪给自己带来的影响，不论这种影响是好的，还是坏的。要尽量做到含而不露，会让你不仅显得有涵养，还能增加你的魅力，并且也能减少不良情绪给自己带来的危害。那么情绪可以给我们带来哪些影响呢？

　　首先让我们来看看抑郁可给人带来哪些影响吧。抑郁是一种常见的精神困扰，是一种不愉快的心境体验。长期抑郁会让人悲观失望、心智丧失、精力衰竭、行动缓慢，也被称作"心流感"。在普通人群中，有21%的女性和13%的男性一生中会间断地患有抑郁症。

　　心理学家曾做过这样一个实验：把同一窝生下的两只健壮羊羔，安排在相同的条件下生活，有草吃，有水喝，还有活动的场所。唯一不同的是，一只羊羔身边拴了一只狼，而另一只羊羔却看不到那只狼。

　　生活在狼身边的小羊，从早到晚都生活在大灰狼的威胁下，本能地处于惊吓和恐惧之中，不思饮食，不敢睡觉。就这样，一天天逐渐瘦弱，没过多久就抑郁而死。而另一只小羊羔，由于身边没有狼的威胁，没有恐惧的心理，所以在草地上吃呀、跑呀、跳呀，日子一直过得很滋润、很快活。

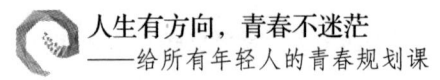

抑郁症是一种心理疾病，是一种情绪障碍：以持续的低落情绪、悲伤、失望、兴趣下降、无乐趣为主要特征，常伴随紧张不安、失眠早醒、体重下降、周身不适等躯体症状。

一些容易引发抑郁症的生活事件包括丧偶、子女死亡、父母死亡、父母离婚、夫妻感情破裂、子女出生、家人亡故、被开除、被刑事处分等。

与一般的悲伤反应不同，抑郁比悲伤，也比痛苦、羞愧、自责等任何一种单一的负面情绪更为强烈和持久，给人带来的影响更深重。

王晴是公司女职员，今年28岁的她从小就聪明好学，家中都对她寄予了厚望，她也想靠自己的努力使父母过上舒心的日子。因此，她从小就勤奋读书，从小学到高中，再到大学，她都是佼佼者。

但是，由于王晴一心读书，她很少交朋友，也就根本没有知心朋友，所以她常常感到苦闷、孤单。尤其是参加工作以后，单位效益不好，工资较低，但她却无力改变，她心里很自责。

另外，她很不善与人相处，总是独来独往。虽然她也想与人交往，但又鼓不起勇气，也不知道如何去交朋友。三年前，王晴经人介绍与同事赵某结婚，但由于感情基础不好，两人常为一些小事吵架。因此，最近一年来，她常有一种难以言状的忧郁和苦闷感，但又不知原因何在，她总是感到前途渺茫，事事不顺心，老是想哭，但又哭不出来，即使遇到喜事，她也丝毫没有笑意。过去常爱看电影、听音乐，但后来也不感兴趣了。在工作上，也无法振作起来。

她深知长期这样下去，会损害自己的身心健康，但又苦于无法解脱，并逐渐导致失眠、多梦、食欲不振等。有时她感到很悲观，想一死了之，但对人生又有所留恋，觉得也并不值得去死，因而又下不了决心。

王晴的苦恼，就是一种精神上抑郁的体现，她应该及时寻求家人、朋友的帮助，也可以去找心理医生，寻求心理疏导和帮助。

第五章 要学会控制情绪

可以说，抑郁就像一只生活在我们身边的"狼"，时时刻刻威胁着每一个人的心理健康。既然这样，面对抑郁情绪的影响，我们应该怎么做呢？

（1）要学会自我心理调节。自我心理调节对于排解抑郁情绪有着重要的作用。当一个人出现负面情绪体验时，出于维持心理平衡的需要，往往就会采用一些防卫机制来应对：或沉溺于幻想，做着白日梦；或从社交生活中退缩，构筑自己的心理碉堡。这些防卫机制虽然可以短时间地保护自我，但是并不能从根本上解决问题。因此，这就需要深入地了解自身的防卫机制，逐渐降低它的消极作用，从根源上改善诱发抑郁的环境及心态。

（2）学会具体地表达自己的真实情感。比如，你说"我受到了上司的批评，担心失去自己的工作，这几天很忧郁"，或"我很悲伤，因为我失去了我深爱的恋人，我感到自己很没用"等，就是自己的真实体验。

（3）接下来的任务就是重建认知："这种担忧是否真有道理？我通过什么表现可以重新获得上司的赏识和重用？""失恋虽然是一次不愉快的体验，但是一次失败并不意味着永远的失败，人生可以做出多次选择"。最后，找出自己失败的真正原因，寻求新的目标，这样可以有效缓解抑郁症状。

除了抑郁，我们还要努力让自己远离愤怒，要知道愤怒是心灵的魔鬼，如果你不能战胜这种情绪给你带来的影响，你就会被它伤害。

美国心理专家爱尔马曾做过一个试验：把一支玻璃试管插在装有冰、水混合的容器里，然后收集人们在不同情绪状态下的"气水"。研究发现：当一个人心平气和时，他呼吸时水是清澈透明的；悲痛时水中有白色沉淀物；悔恨时有蛋白样沉淀物；生气时也有白色沉淀物。爱尔马把人生气时呼出的"生气水"注射到小白鼠身上，12分钟后，小白鼠竟死了。爱尔马认为："人生气时的生理反应十分强烈，分泌物比任何情绪时都复杂，都更有毒性。因此，动辄生气的人很难健康，更难长寿。"

不仅如此，让我们看看，当一个人在愤怒时，会有哪些事情降临到他

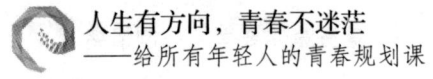
人生有方向，青春不迷茫
——给所有年轻人的青春规划课

身上：

（1）虽然刻意装扮，依然丑陋不堪；

（2）虽然睡在柔软舒适的床上，依然疼痛缠身；

（3）误把善意作恶意，错把坏人当好人，做事鲁莽不听劝告，导致痛苦与伤害；

（4）失去辛苦赚来的钱，甚至误触法网；

（5）失去勤勉工作得来的声望；

（6）亲友形同陌路，不再与你为伍。

这六种不幸的后果，就是愤怒带给人的。愤怒不但丑陋，而且是一种具有破坏性的情绪，它潜伏在人的内心，等到引发它时，它就会控制人的情绪，左右人的生活。因此，无法克制的怒气，往往使身心伤害至深。

在日常生活中，愤怒的情绪如果发泄出来，就会如火山爆发，造成难以估计的损失。愤怒者的心性被燃烧着的报复焰火所迷惑，而不计后果如何。所以，在盛怒之下，人会失去理智，变成伤人伤己的危险猛兽。

有一天，成吉思汗一大早便带着一群属下出去打猎了。但直到中午他们还是一无所获，只得垂头丧气地返回住处。喝了几碗酒后，成吉思汗越想越气，带着皮袋、弓箭以及心爱的猎鹰，一个人骑马上山了。

烈日当空，山路崎岖，带的那点儿水早已被喝完了，成吉思汗口干舌燥。当他走到一处峭壁边时，突然感到脖子上被水滴砸了一下，抬头一看，原来是峭壁顶在滴水。他顿时来了精神，马上从皮袋里拿了一只金属杯子去接水。但水滴得很慢，成吉思汗也只得耐着性子等。

当水杯终于有七八分满时，他高兴地端到嘴边准备喝，然而就在这时，猎鹰突然一个俯冲用翅膀把杯子打翻了。

成吉思汗勃然大怒，但因为他太喜爱这只鹰了，也就没舍得惩罚它，而是又拿起杯子重新一滴一滴地接水。

第五章 要学会控制情绪

当水杯又一次七八分满的时候，他的爱鹰又冲下来把水杯打翻了。

这次，成吉思汗再也按捺不住胸中的怒火了，他要把鹰杀掉。于是，他不动声色地拾起水杯重新接起了水。当水杯快七八分满时，他偷偷抽出尖刀，藏在袍子下，然后把杯放到嘴边作欲喝状。当爱鹰再次飞近他的时候，成吉思汗手起刀落，把爱鹰杀死了。

可是，因为他精力太集中在杀鹰上，一不小心，杯子掉进山谷了。成吉思汗沮丧异常，可又一想：既然有水滴下来，那么上面肯定有水源。

他费力地爬了上去，果然，在悬崖顶部有一个小水塘。他高兴地正准备喝个够时，忽然发现水塘的另一边有条大毒蛇的尸体。这时，他才恍然大悟：爱鹰是为了救他的命啊！

成吉思汗悔恨交加，将爱鹰的尸体带回去命人厚葬。

成吉思汗因为无法控制愤怒的情绪，而失去了对主人如此忠诚的爱鹰。

历史上，吴三桂的"冲冠一怒为红颜"，引清军入关，改写了中国历史！而如今日常生活中的"怒"，轻则危害自己的身体健康，重则损坏财物，伤害他人，可见，愤怒情绪的危害是巨大的！

事实上，在现实生活中，与抑郁和愤怒的情绪相比，乐观的情绪对人的塑造和影响作用会更大，乐观的人更能成大事。什么样的员工是最受欢迎的呢？调查显示，保持"乐观"和拥有"希望"是最好的人格特质。因此，在日常工作生活中，我们有必要加强自己这方面的心理建设与学习，进而强化个人能力，提高工作效率。

《EQ》一书的作者丹尼尔·高曼指出，从情绪管理的角度分析，乐观的情绪使人不至于产生无力感和冷漠的心态，做事较有自信，比较能禁得起打击、挫折。乐观者即使求职失败，也会积极地制订下一步求职计划，他们不认为失败是永远的。因此，人需要培养自己"乐观"和"希望"的人格特质，提高自己的能力，而这种人格特质对每个人今后的人生发展都会产生不

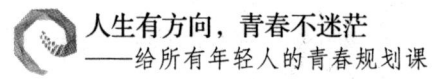

可低估的影响。

有一个总是闷闷不乐的小男孩,他觉得自己是这个世界上最不幸的人。他因为患脊髓灰质炎而留下了瘸腿,所以他很少与同学们游戏或玩耍,老师喊他起来回答问题,他也低着头一句话不说。

在一个温暖的春天,小男孩的父亲从邻居家要了几棵小树苗,他想把它们栽到房前。他把孩子们叫了过来,对他们说,谁栽得树苗长得最好,就给谁买一件他最想要的礼物。小男孩也想得到父亲的礼物,但看到兄妹们蹦蹦跳跳提水浇树的身影,不知怎么地,他的心里居然生出一种奇怪的想法来:希望自己栽的那棵树苗早点死去。因此这个小男孩浇过一两次水后,就再也不去管它了。

几天后,小男孩再去看他种的那棵树时,惊奇地发现小树不仅没有枯萎,而且还长出了几片可爱的新叶子,与兄妹们种的树相比,显得更嫩绿、更有生气。

父亲兑现了他的诺言,为小男孩买了一件他最想要的礼物,并对他说,从他栽的树来看,他长大后一定能成为一名优秀的植物学家。

从此以后,小男孩慢慢变得乐观开朗起来。

一天晚上,小男孩翻来覆去睡不着觉,忽然想起来生物老师说过植物一般都在晚上生长的,他就起身准备去看看自己的小树会不会也在晚上长出一节来。当他轻手轻脚来到院子里时,却看见父亲用勺子在向自己栽种的那棵树下泼洒着什么。顿时,他明白所发生的一切了,原来父亲一直在偷偷地为自己栽的那棵小树施肥、浇水!他忍不住流出了滚滚热泪。

几十年过去了,那个瘸腿、暴牙的小男孩虽然没有成为一名植物学家,却在其他方面有所建树,过着幸福的生活。

从小男孩身上可以看到,保持乐观的情绪对人生具有重要的影响。因为乐观,小男孩鼓起了生活的勇气,不因自己的缺陷而自卑,他始终在为理想而努力奋斗着,直至成功。

这个孩子的人生经历告诉我们,积极乐观的情绪对一个人的塑造和影响是多么的大啊。日子不会因为我们的情绪而有所改变,还是会不停地向前流去。你悲观是过一天,你乐观还是要过一天,那么为什么不让自己选择乐观、开心地过一天呢?要知道这样一天下来,你的生活质量和创造出的价值是不一样的。

当然,可以给我们带来影响的情绪还有很多,比如忧愁、焦虑和恐惧等,这些情绪都会对我们的生活和工作产生影响,在这里就不一一赘述了。而我们需要明白的就是,情绪对我们每个人的影响是非常大的,它们都是天使与魔鬼的双重化身。把握得当,它就是可以为你服务的天使;把握不当,它就是魔鬼,会把你的生活、事业搅得一团糟。因此,人人都应该学会调整自己的情绪,争取做情绪的主人而不是奴隶。

心鉴:情绪对人的影响是一把双刃剑。我们要做的事是让自己变得成熟、睿智、理性、冷静,只有这样我们才能最大限度地控制不良情绪带来的消极影响,不让自己变成情绪的奴隶,而成为情绪的主宰者。要知道世界上最可悲的事情,莫过于马上要成功的事情,被自己一时冲动给搞砸了。

不做情绪的奴隶,而要做情绪的主人

我们生活在一个高速发展的信息时代,它对人类的素质提出了更高的要求和标准。它不再像过去那样只需要敢作敢为的勇气和掌握先进的科学技术，而更需要心理素质好、情绪稳定的奋斗者。自制力可以使人克服来自内心的障碍，可以让人学习控制自己的情绪，它对人的成熟和适应社会生活有着特殊的意义，甚至可以说是个体成熟的标志。

一个人如果不善于自制，不善于调节和控制自己的情绪，不能抑制各种情绪上的波动，就不能有效地控制和把握自己。但是如果一个人想做出一番事业，就需要有稳定的情绪和成熟的心态。试想一下，如果人一会儿心情低落，一会儿怒气冲天，一会儿又情绪高涨、兴奋异常，估计是没有人愿意和这种情绪不稳定的人交往合作的，而且情绪不稳定的人对于自己确定的工作也常常不能坚持到底，做事容易情绪化，朝三暮四，喜欢就做，不喜欢就束之高阁，丝毫没有计划性，这样的人是不会成功的。所以说，为了职业的发展和自己的前途，我们需要学习控制自己的情绪，不做情绪的奴隶，而要做情绪的主人。

下面就让我们来看看关于拿破仑·希尔的一个人生小故事。

拿破仑·希尔是美国杰出的成功学家。有一次，他遇到了一个对他的人生有着深刻影响的问题，那就是关于自制力的问题。

一天拿破仑·希尔和办公大楼的管理员产生了误会，这次误会导致了他们两人之间彼此的憎恨，后来演变成激烈的敌对状态。这位管理员为了表示他对拿破仑·希尔的不满，当他知道整座大楼里只有拿破仑·希尔一个人在办公室时，他立刻把大楼的电闸拉了下来。

好几次拿破仑·希尔都遭到这种戏弄，最后他想如果有机会他一定要"报复"。一个星期天，机会来了，拿破仑·希尔到书房里准备明天发表的演讲稿，可他刚坐下来电灯就熄灭了。拿破仑·希尔立刻向大楼下面走去，他知道可以在那儿找到这位管理员。拿破仑·希尔见管理员正在忙着把煤炭送进锅炉里取暖，还一边吹着口哨，仿佛什么事也没有发生。

拿破仑·希尔非常生气，立刻指着管理员破口大骂。最后，拿破仑·希尔

第五章 要学会控制情绪

实在想不出什么骂人的话，只好停下来。这时候，管理员站直身体，转过头来，脸上带着微笑，并以一种充满镇静与自制的柔和声调说道："呀，你今天早上有点儿激动吧，不是吗？"

他的这句话就像利剑一样，一下子刺进拿破仑·希尔的身体。站在他面前的是一位文盲，不会写也不会读，拿破仑·希尔是一个研究心理学的人，而他却在这场"战斗"中打败了自己，这实在是一件令人感到羞辱的事情。拿破仑·希尔知道，他不仅被打败，更糟糕的是，他是主动的，而且是错误的一方。

拿破仑·希尔转过身，以最快的速度回到办公室，这个时候他什么也不想做了，他知道错了，但他并不愿意去化解这个错误。因为没有勇气道歉而使矛盾越来越深，今天本来有一个很好的道歉机会，可拿破仑·希尔却失去了自制力，从而使自己陷入了一种很被动的窘境中。内心的纠结让拿破仑·希尔很是煎熬和烦闷。他知道，必须向管理员道歉，内心才能好受一点儿。

最后，他想了很长时间才决定到管理室去。管理员以平静、温和的声调问道："你这一次又想怎么样？"拿破仑·希尔告诉他："我来是为我刚才的行为道歉的，如果你愿意接受的话。"管理员脸上又露出那种微笑，他说："上帝了解你，你用不着向我道歉。在这个管理室里除了有你和我之外，并没有其他人听见你刚才所说的话。我不会把它告诉别人，我知道你也不会说出去的，我们就这样把这件事忘了吧。"这些话对拿破仑·希尔来说比起第一次更为震撼。这位管理员不仅愿意原谅拿破仑·希尔，还表示愿意隐瞒此事。拿破仑·希尔走向他，紧紧地握住管理员的手表示感谢。

这是发生在拿破仑·希尔身上的一件小事。拿破仑·希尔虽是一个有学识的人，可每个人都会有情绪不稳定的时候，当他和管理员发生冲突时，他已经知道自己应该向管理员道歉，这样就可以解决他们的纷争，可是他碍于面子没有这样做，这也说明他当时没有控制好自己的情绪，到后来管理员把大楼的电闸拉下来，把冲突演变成一种敌对状态。这时的拿破仑·希尔采取了更为极端的行动，找到管理员破口大骂，他已经在情绪上彻底崩溃了。从这个角度看没有自制能力的人，不管是一个目不识丁的普通人还是有教养的绅士，都会在失控的情况下变得一塌糊涂。而这件事件也成为拿破仑·希尔一生当中重要的转折点之一。

下面让我们看看另外一个女孩珍妮的故事，看看她是如何控制自己的情绪的。

珍妮是一家大型商场的接待员，她总是热情地回答客人的咨询，每天都要应对很多对商场有不同意见的客人。

有一次，商场代销的某种食品含有一种化学致癌物质，可销售时，商场管理人员也不知道实情，在广告牌上还标明是健康食品，含有多种人体所需要的营养物质，所以就吸引来一大批顾客购买这种食品。几个月后，卫生部门在一次例行检查中发现这种食品里的化学成分严重超标，市民们知道后怒气冲冲地跑到商场，在顾客接待处破口大骂。

"你们怎么搞的？怎么把这种有害食品拿到商场来卖，到底还有没有良心？"一位男士首先冲上前指着珍妮质问。

"对不起，先生，我们公司已经知道这件事情了。"

"知道有什么用，你们就是为了挣钱，岂有此理。"他用力地拍着桌子。

"请您不要动怒，这是生产商的问题，但我们马上会做出赔偿。"珍妮依然微笑着。

后面又来了一位妇女说："我是相信你们商场才大量买入这种食品，现在好了，竟然有致癌物质。"

"对不起，这是我们做得不好。"

"我的儿子昨天咳嗽得很厉害，我想都是吃了你们这些鬼东西闹的，你马上带我儿子上医院。"那位妇人说这话时差点就掐珍妮的脖子。

珍妮只是后退几步，平和地说："太太，请放心，要是我们的责任，我们会义无反顾地这样去做的。"

珍妮就是这样接待了这些愤怒而不满的顾客，丝毫未表现出任何憎恶。她脸上带着微笑接受顾客的批评，她的态度优雅而镇静。

珍妮的工作是接待，需要经常接触不同阶层的客人，能够胜任这个职位，一定要有很强的自制力，而不是与客人们针锋相对，骂个你死我活。来到珍妮面前的客人，个个像是咆哮怒吼的野狼，你想象一下当一个人遇到这样的事情，没有很好的克制能力是不行的。可是珍妮并没有像一般人那样，为自己所受的不公平而抱怨，她优雅镇定地给客人们解释事情的原因，即使她知道这样说不能平息事件，但至少不会让事情变得白热化，从而减少更多的问题发生。

缺乏自制能力是一般销售员或者接待员最具破坏性的缺点之一，客人只要说了几句不中听的话，如果作为销售员或者接待员不能用克制的态度来面对，而客人同样也缺少自制能力，用同样的话进行反击，那么他们就会立即针锋相对。这种情况对这些行业来说，是最致命的伤害。

拿破仑·希尔缺乏对情绪的控制，不能很好地克制自己，也不能恰如其分地表达得体的情绪，而自制力恰恰是控制情绪的最好武器。成功后的拿破仑·希尔说："这件事使我知道，一个人除非先控制好自己，否则他将无法控制别人。它让我了解了'上帝要毁掉一个人，首先使他疯狂起来的真正含义'。"

珍妮和拿破仑·希尔截然不同的做法可以让我们看到一个有自制能力的人是怎么处理事情的，是怎么控制自己的情绪的。当冲突发生时，在心里估量一下后果，想一想自己的责任，然后使自己升华为一个有理智、有豁达气度的人，就一定能控制住自己的心境，缓解紧张气氛。合理的让步不仅对事情本身大有益处，也会赢得别人的爱戴。

人应该学习控制自己的情绪，这不仅是人意志力的体现，也是人情商的重要组成部分，它关系到人能否克制外界的诱惑并有意识地调整和支配自己。大量的事实和研究证明自制力缺乏的人做事不考虑后果，只顾眼前利益，而且在长期利益失去之后又不能保持情绪的稳定，容易悲观、自责、沮丧，甚至是一蹶不振。

拿破仑·希尔所犯的错误就是失去自制力，使他疯狂地破口大骂，当我们遇到这样的事情时最好能冷静、冷静再冷静并想想后果，以延缓激烈行为爆发的时间，从而使自己的情绪逐渐平静下来，再想一下自己的责任：我这样做是不是对自己有利？我们可以总结为一句话：要想控制别人就先得控制自己的情绪，有了自制力才可以抓住成功的机会。

当你面对一个愤怒的人的辱骂及嘲笑时，无论事情公正与否，你一定要记住：要是你的态度和行为是以相同的方式进行报复，那么你的情绪智商将与那个人没有什么区别，也就是说，你已经被那个人控制了。另外，如果你拒绝生气，不与那个人一般见识，维持你对自己的控制，保持冷静与沉着，那么你等于已经维持了你所有的正常情绪，这样你就可以从中获得理智，也会使对方大吃一惊，你所用来报复的武器是他从没有拥有过的，因此，你就能轻而易举地控制他对你的情绪刺激。

一个情绪不稳定的人，是成就不了什么大事的；一个人能自我控制情绪，调节心情，不仅能修身养性，而且有助于成就事业。那么，我们应该怎么做，才能控制自己的情绪呢？这里提供六种办法供你参考、学习和借鉴：

（1）学会转移。当你火气上涌时，有意识地转移话题或做点儿别的事情来分散注意力，可使情绪得到缓解。在余怒未消时，可以用看电影、听轻音乐、出外散步等轻松活动，使紧张情绪松弛下来。

（2）学会宣泄。如果你有什么不愉快，不要闷在心里，可以向你的知心好友和亲人说出来，这样有助于你释放积于内心的郁闷。不过，发泄的对象、地点、场合和方法要适当，以免伤害他人。

（3）学会自我安慰。当追求某项事情而得不到时，你可以为失败找一个冠冕堂皇的理由，用以安慰自己，就像狐狸吃不到葡萄就说葡萄是酸的一样，不妨运用一下"酸葡萄心理"。

（4）采用语言节制法。每次在情绪激动时，要默诵或轻声警告"冷静些"、"不能发火"、"注意自己的身份和影响"等词句，抑制自己的情绪；也可以针对自己的弱点，预先写上"制怒"、"镇定"等条幅置于案头或挂在墙上。

（5）采用愉快记忆法。可以回忆过去经历中碰到的高兴事，或获得成功时的愉快体验，特别是回忆那些与眼前不相关的愉快过去。

（6）采用环境转换法。如果你处在剧烈的情绪状态中，要暂时离开激起情绪的环境和有关的人与物。

人只有学会了控制情绪，做自己情绪的主人，才能真正让自己变得成熟起来。人只有学会控制情绪，才能利用情绪为自己服务，这对工作、生活和社交活动的开展都是有好处的。

心鉴：一个人不能控制自己的情绪，不足以成大事；而人要想成大事，则必须从控制自己的情绪开始，从控制自己的喜怒哀乐开始。人要想成功控制情绪，还需要努力提高自我控制力。如果你的自控能力很差，那么你在控制情绪上也别想取得绝佳的成绩。所以说，提高自我控制能力也可以帮你做情绪的主宰者，让你轻松远离失败的泥潭。

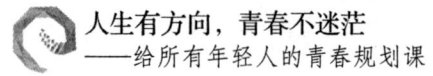
人生有方向，青春不迷茫
——给所有年轻人的青春规划课

做决定的时候要学会三思而后行

我们知道，人不可能永远都处在好情绪当中，生活中既然有挫折、有烦恼，就会有消极的情绪。如果你在生某人的气，尽管发泄，只是别在气头上轻易作出任何决定。要知道，这时你在气头上所作的决定，往往使你后悔莫及，终生遗憾。所以说，人做事不能太冲动，三思而后行才是明智之举。

根据心理学家的测算，人在愤怒的时候，智商是最低的，这时人们会做出非常愚蠢的决定，也会做出非常危险的举动。人是感性动物，生活在爱恨情仇的交织中，而人生又是处在不断的选择之中，有些选择或许无关痛痒，有些选择却事关全局；有些失误可以尽力弥补，有些却无力回天。因生气而作出错误决定的事，每个人身上都发生过。如果你没有被那错误的决定所伤害，那要感到庆幸，但幸运并不一定永远都垂青于你。所以说，人做事不能太冲动，要学会三思而后行，这是让你一生都不偏离人生发展轨道的一句良言，你应该牢记在心中。

人若想让自己少犯一些错误，做事就需要保持冷静的头脑，尤其在做决定的时候，要学会三思而后行，不能冲动。下面让我们来看看林肯和斯坦顿之间的一个故事吧。

一天，美国的陆军部长斯坦顿来到总统林肯的办公室气呼呼地说，一位少将用侮辱的话指责他偏袒了某些人。林肯建议斯坦顿写一封内容尖刻的信回敬那个家伙。斯坦顿立刻写了一封措辞激烈的信，然后拿给林肯看。

"很好！很好！"林肯高声叫好，"要的就是这样痛快地骂他一顿！你真

第五章　要学会控制情绪

是写绝了，斯坦顿。"当斯坦顿把信叠好装进信封时，林肯叫住了他："你要干什么？""寄出去呀。"斯坦顿有些摸不着头脑了。"这封信不能发，快把它扔到炉子里。"林肯大声说，"生气时的决定多是不妥的。凡是生气时写的信，我都是这么处理的。这封信写得好，写的时候你已经解了气，现在感觉好多了吧？那么就请你再消消气，问问自己可以有多宽的胸怀，最后再写那封信吧！"

身为一个国家的总统，都能如此地教育他的部下，做事要冷静、要三思而后行，那么对于我们这些普通的人来说，还有什么理由不去冷静地处理问题、解决问题呢？还有什么理由不去多想一想后再做决断呢？

人活在世上，难免会有受到不公正待遇的时候，如果把这种不满的情绪积压在心中肯定会造成一定的心理伤害，这是在拿别人的错误惩罚自己，但是如果在气头上进行反击也不是最好的办法。因为我们在生气的时候，会失去理智，从而减弱对事物的判断力。据说，当人在发火生气的时候，他的智商只有5岁小孩的智商那么高，就凭这么低的智商冲动地做出决定，能行吗？肯定不行了。所以说，人遇事还是要冷静下来，好好考虑一下。

有一位企业家，素以行事稳健著称，即便身处瞬息万变的商界之中，他也几乎没有犯下过什么致命性的大错，因此，他经营的公司日渐成长。几年后，他要退休了。

在退休茶话会上，记者们问他这几十年来的成功秘诀。他微笑地说："其实我没什么特别的秘诀，我之所以能顺利，是因为我懂得在愤怒的时候少说话、少作决定，所以我不容易坏了大事。"短短的一句话，却给当天在场的人上了一课。

企业家的话其实也在启示我们，人做事不能太冲动，要学会三思而后行。尤其在你愤怒恼火的时候，更不要轻易地做出决定，以免给日后造成不必要的损失。

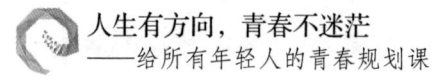

我们也许不知道，人性格的力量包含两个方面，意志的力量和自控的力量，如果人做不到这两点，就容易犯一时冲动的错误。

某个政党有位刚刚崭露头角的候选人，被人引荐到一位资深的政界要人那里，希望这位政界要人能告诉他一些政治上取得成功的经验，以及如何获得选票。

但这位政界要人提出了一个条件，他说："你每次打断我说话，就得付5美元。"

候选人心想，还以为是什么高见呢，不过就是一般的把戏罢了，这有什么难的啊，于是他就爽快地答应说："好的，没问题。"

"那什么时候开始？"政客问道。

"现在，马上可以开始。"

"很好，第一条是，对你听到的对自己的诋毁或者污蔑，一定不要感到愤怒，随时都要注意这一点。"

"噢，我能做到。不管人们说我什么，我都不会生气，我对别人的话毫不在意。"

"很好，这是我经验的第一条。但是，坦白地说，我是不愿意你这样一个不道德的流氓当选的……"

"先生，你怎么能……"

"请付5美元。"

"哦！啊！这只是一个教训，对不对？"

"哦，是的，这是一个教训。但是，实际上也是我的看法……"资深政客轻蔑地说。

"你怎么能这么说……"新人似乎要发怒了。

"请付5美元。"

"哦！啊！"他气急败坏地说，"这又是一个教训。你的10美元赚得也

第五章　要学会控制情绪

太容易了。"

"没错，10美元。你是否先付清钱，然后我们再继续谈？因为，谁都知道，你有不讲信用和喜欢赖账的'美名'……"

"你这个可恶的家伙！"年轻人发怒了。

"请付5美元。"

"啊！又一个教训。噢，我最好试着控制自己的脾气。"

"好，收回前面的话。当然，我的意思并不是这样，我认为你是一个值得尊敬的人物，因为考虑到你低贱的家庭出身，又有那样一个声名狼藉的父亲……"

"你才是个声名狼藉的恶棍！"

"请付5美元。"

这是年轻人学会遇事不冲动，要三思而后行的第一课，他为此付出了高昂的学费。

然后，那个政界要人说："现在，就不是5美元的问题了。你要记住，你每发一次火或者对自己所受的侮辱而生气时，至少会因此而失去一张选票。对你来说，选票可比银行的钞票值钱得多。"

通过年轻人和资深政客之间的对话，我们不难看出，人做事不能太冲动，要三思而后行才是。年轻人正是由于一时冲动，答应了政客的看似很无理的条件，为此自己付出了昂贵的代价。

俗话说，冲动是魔鬼。在人一生中，也许你偶尔冲动一下没事，无关痛痒，但是在关键时刻，如果你不注意冷静，一时冲动，放松对事情的警惕，就可能给自己带来灭顶之灾。

二战期间，盟军抓到一个被怀疑是为德国纳粹服务的人，他们怀疑他就是找寻已久的暗藏的德国间谍。然而审讯几天都没有任何结果，那个人否认自己是德国人。对他进行审讯的过程中，盟军军官一直注意他的语言，因为

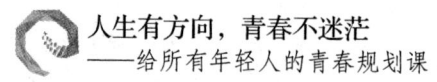

德国人说英语中的一些词的发音较为独特，然而嫌疑人表现得天衣无缝，盟军甚至找来一些德国人跟他用德语交谈，而嫌疑人的表情是茫然不知所措。最后，他们不得不下令放了他。

当时的情形是：军官们把嫌疑人带进来，进行最后一次审讯，仍然没有突破。"好吧，"军官说道，"很遗憾，我们只有放了你。"但是请注意，军官用的是德语。

可是嫌疑人没有注意，他欣喜若狂地站了起来，向外走去，可是还未走到门口，他就缓过神来，但为时已晚。

如果嫌疑人不懂德语，他不会对军官的话有任何反应。

人在极度兴奋时往往得意忘形、放松警惕，盟军正是利用这一点找出了那个间谍的破绽。

故事中的间谍就是做事一时冲动，得意忘形了，被盟军发现了语言上的破绽，最终被识破了。

其实，无论你是打工，还是经营企业，做事都不能太冲动，只要冲动，只要缺乏思考，都将必败无疑。

在企业管理上，李嘉诚先生就是一位非常慎重的人。他说："今天的企业决策绝不只限于从几个方案中选定一个方案行动，而是遵循一定的认识规律，从提出问题开始，经过分析问题，最终决定要解决问题的一个系统分析过程。"因此，他认为企业决策的制度应包括下列几个方面：

(1) 审议的人数以五人为理想；
(2) 多数人赞成通过；
(3) 有反对意见的主意才是珍贵的；
(4) 当反对意见不被说服时最好慎重决定。

李嘉诚的这种观点，其实也就是说，人做事不能太冲动，要学会三思而后行，利用民主表决的方式，可以减少因个人冲动做出的决策给企业带来的不必要的经营风险罢了。

可见，不论是大人物还是小人物，做事不冲动、遇事三思而后行，都是让我们规避失败的法宝。既然如此，那还等什么呢？就在今后的工作中积极运用吧！

心鉴：人因为自己一时冲动而导致做事失败的例子有很多，究其原因就是做事不经过思考所致。人为了避免冲动而自酿苦果，可以尝试下列办法：一是遇事先不要忙于做决断，而要问问自己，这件事情发生的原因是什么，如果做这样的处理，是不是有点武断；二是努力学习，不断增长自己的见识，提高自己对问题的分析判断能力；三是放低姿态，主动向别人请教，多听、多借鉴别人的建议。

谨防恐惧感给你造成心理压力

你有没有注意过，在工作中，你时常会感到莫名的恐惧？你害怕被上司炒鱿鱼；害怕工作任务不能及时完成；害怕自己的人际关系紧张；害怕不受老板欣赏和关注……这些都是你恐惧心理的具体体现。

恐惧感，就是在真实或想象的危险中，一个人所感受到的一种强烈而压抑的情感状态。其表现为：神经高度紧张，内心充满害怕，注意力无法集中，脑子里一片空白，不能正确判断或控制自己的举止，变得容易冲动。恐惧感如果长期积压在心里，得不到有效排解，只能增加人的心理压力，扰乱人的正常生活，对工作也会带来不利的影响。

最近，某权威网站针对都市白领人群的工作现状做了专项调查。在问卷中，对于"你感到最大的职业压力是什么"这个问题，22.3%的人选择"如何提升自我价值，实现自我增值；""工作难度大"占了27.1%；"与上级领导意见存在分歧"占了13.5%。通过测试表明，如今的都市白领普遍压力较大。其中七成人感到紧张和有压力，八成的人感到自己所做的事情并不如愿，普遍对职业有种恐惧感。

刘尹铭是一家公司的销售经理，7年来业绩一直不错。但最近两年，随着外界的竞争加剧，公司的管理体制却日渐落后，刘尹铭感觉工作做得很辛苦。虽然工作量没有增加，但工作压力越来越大，原来驾轻就熟的工作如今备感沉重。加上老板又是个只看结果不看过程的人，这一切都让刘尹铭对自己在公司中的职位产生了一种恐惧感。他害怕哪天自己的职位会被别人取代，害怕哪天自己会完不成上面分派下来的销售任务而无法向老板交差。晚上回到家后，一想到工作上的事情，刘尹铭就睡不着觉，感觉心理压力越来越大。

陈女士感觉自己在公司受到无形的压力和委屈。公司的上司太多，为了协调各种关系，她精疲力尽。有一天，一个女上司不知什么原因，对她态度很恶劣。她吓坏了，到现在都不知怎样去面对。

经验告诉我们，如果你常怕这怕那，实际上在所有这些担心当中，只有百分之几的事情会发生，而且远远不像当初想象的那么可怕。

有一处地势险恶的峡谷，涧底奔腾着湍急的水流，几根光秃秃、颤悠悠的铁索横亘在悬崖峭壁之间，它是通过此地的唯一路径，经常有行人失足葬身涧底。

有一天，一个盲人、一个聋人和一个耳聪目明的年轻人来到桥头，他们需要从这几根铁索桥上攀走过去，别无选择。经过短暂的商议，三个人开始一个接一个抓住铁索过桥了。

第五章 要学会控制情绪

盲人心想，我眼睛看不见，不知山高桥险，可以心平气和地攀附。

聋人说："我的耳朵听不见，不闻脚下的咆哮怒吼，恐惧相对会减轻许多，于是，盲人和聋人便从铁索桥上走过去了。

那个健全的人一边自我激励一边鼓起勇气开始过桥。刚走出十几步路，当他看到桥下的险象，听着咆哮的水声，想象着自己从桥上掉下去的各种惨状，内心变得越来越恐惧。再看看距离对岸起码还有50步路那么远，他的信心立刻崩溃了，双腿也开始发软。他决定停下来放弃过桥，于是拼命地抓紧手上的铁索，慢慢地转过身去。然而，就在此时，他一脚踩空终于从铁索桥上跌了下去，随着一声惨叫，这位健全的年轻人便一命呜呼了。

的确，大多数的事情往往是人们自己把困难夸大了，将一些问题想得过于严重了，从而徒增恐惧，自己把自己吓得止步不前，甚至倒下。故事中的年轻人如果不自己吓唬自己，抱着平和的心态，相信他是完全可以从桥上安全过去的，但是他心里恐惧感太大了，结果给自己造成很大心理压力，不幸失足丧命了。

多年前的一个傍晚，一位叫汤姆的青年移民，站在河边发呆。这天是他30岁生日，可他不知道自己是否还有活下去的必要。

因为汤姆从小在福利院里长大，身材矮小，长相也不漂亮，讲话又带着浓厚的法国乡下口音，所以他一直很瞧不起自己，认为自己是一个既丑又笨的乡巴佬，连最普通的工作都不敢去应聘。他没有工作，也没有家。

就在汤姆徘徊于生死之间的时候，与他一起在福利院长大的好朋友亨利兴冲冲地跑过来对他说："汤姆，告诉你一个好消息！"

"好消息从来就不属于我。"汤姆一脸悲戚。

"不，我刚刚从收音机里听到一则消息，拿破仑曾经丢失了一个孙子。播音员描述的相貌特征，与你丝毫不差！"

"真的吗，我竟然是拿破仑的孙子？"汤姆一下子精神大振。联想到爷爷

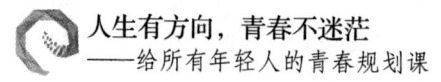

曾经以矮小的身材指挥着千军万马,用带着泥土芳香的法语发出威严的命令,他顿感自己矮小的身材同样充满力量,讲话时的法国口音也带着几分高贵和威严。

第二天一大早,汤姆便满怀自信地来到一家大公司应聘,他竟然一应即聘。

二十年后,已成为这家大公司总裁的汤姆,查证自己并非拿破仑的孙子,但这早已不重要了。

无论你内心感觉如何,我们都要摆出赢家的姿态,就算你落后了,保持自信的神色,胸有成竹,会让你心理上占有优势,而终有所成。接纳自己,欣赏自己,相信自己是一只雄鹰,这是人战胜恐惧,摆脱心理压力的一个好办法,也是人获得成功的重要前提。汤姆的人生经历就是最好的证明。

其实在人的一生中,总会遇到一些让我们感到恐惧的事情,它们会给我们心理带来压力,这是每个人都会遇到的事情。那么针对恐惧感造成的心理压力,我们应该怎么办,应该怎么疏导呢?

(1)你要向自己灌输一个意念,即失败、潦倒和情绪低落并非因"背运"造成的。我们需要及时找出造成心绪不宁的原因,改变一下生活方式。

(2)必须思考清楚,对于你和家人来说,最重要的是什么,并尽一切努力去实现它。在这方面所取得的最微不足道的成绩也会令你心情舒畅。

(3)如果面对困难,你感到孤立无援,那你应该寻求朋友和亲人的安慰。与朋友的一次很短的电话交谈,远胜于服用一包镇静剂。

(4)消除压力产生的根源。如果你意识到,与同事的冲突和工作中的难题令你沮丧,不妨努力与大家搞好关系,精诚合作。

(5)每天我们都会碰上无所事事的时候。排队、坐车或是等人,一旦面临心理压力,上述情况就会加重紧张情绪,这时你一定要学会从烦恼中抽身而出,想点别的事情。

第五章 要学会控制情绪

(6) 审视自己的居住环境，在装修时尽量避免红色和黄色。红色易使人兴奋，刺激紧张状态的激素分泌，孩子则喜欢在黄色基调的房间里吵闹。颜色柔和的卧具，如淡蓝色，最易稳定情绪。

(7) 同好友讨论自己遇到的难题。不要吝惜与知心朋友促膝长谈的时间。倾诉苦恼后，问题就解决了一大半。

(8) 学会倾听。任何时候都不能自认为已经完全领会了对方的意图。唯有仔细倾听才不会产生疑问，从而远离诸多的不快与冲突。

(9) 如果烦恼是因为时间不够造成的，不妨放下手头的事情，合理安排一下工作计划，哪怕是每天清晨早起15分钟也行。

(10) 试着为你的生活添加一些笑声与幽默，全家人一起欣赏令人捧腹的喜剧电影是个不错的主意。

(11) 定期进行体育锻炼，增强体质。良好的身体素质是战胜心理压力的基础。

从某种意义上说，人不是活在物质里，而是活在自己的思想里。如果我们想活得精彩，就要用百折不挠的意志去化解心中的恐惧，去排解恐惧带来的心理压力。如果我们放弃了自我排解、疏导，放弃了自我努力，相信没有人能救得了你，也更无法奢谈什么成功了。

心鉴：人之所以会产生恐惧感，原因有下面几个：一是对自己不够自信，害怕做不好事情，会失败；二是某些人可能给了我们消极的暗示或启发；三是我们缺乏对事情客观、公正的认识或发现，从而盲目地产生了恐惧。由此可见，只要我们树立起自信，多进行调查研究，多实践，主动远离那些给我们消极暗示的人，我们就能大大减轻心中的恐惧感，直到它消失。

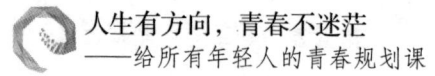

人生有方向，青春不迷茫
——给所有年轻人的青春规划课

焦虑和忧愁只会成为工作的大敌

在工作中，人会不可避免地遇到各种困难、挫折和冲突，这会导致一些心理矛盾和心理问题的产生，这其中就包括焦虑和忧愁。俗话说，笑一笑，十年少；愁一愁，白了头。对生活中不如意的事情，我们不要有大难将临之感，焦虑不安，忧心忡忡，要知道情绪会影响人的身体健康。长期这样生活，轻者是长吁短叹，重者就是血压升高，疲劳不堪，进而你会感到无所适从，影响自己的工作和生活。

我们要做的事情就是，不要让焦虑和忧愁毁了自己的工作；要调整心态，正确看待目前的困难和处境；还要提高自己的心理承受力，只要自身心理素质好，就可以经受任何风浪、波折的冲击和考验。

焦虑和忧愁的滋生主要是源于压力，它来自于各个方面，如升学就业、职位升降、事业发展、恋爱婚姻、名誉地位等，由此造成心神不宁，焦躁不安，患得患失等，这些情绪都会严重影响到你的工作和生活。发生这些消极情绪的原因有时候匪夷所思，出人意料。

一位来自香港的年轻老板黄先生，曾有很好的经商业绩。他到内地发展事业后，还娶了有经济专业硕士学位的霍小姐为妻。他因感到自己对内地政策、风俗了解较少，普通话也讲不好，因而在商业谈判中总是怕开口，依赖太太做他的代理人。而霍小姐毕竟年轻，经商经验不多，自信心不足，因而对丈夫不满，矛盾由此产生。

从这个故事中我们可以看出，黄先生对谈判事情的焦虑和忧愁已经影响

第五章 要学会控制情绪

到了他工作和事业的发展,如果他不能很好地处理自己的心理负担,势必会影响夫妻之间的感情。

在工作中,如果我们不能很好地处理和同事之间的关系,也将会给自己造成很大的心理焦虑和困扰,影响自己职业生涯的发展。

英语专业毕业的路小姐业务能力极强,走到哪里都能得到上司的赏识,她工作六年,却换过八家公司。为什么频繁跳槽?其实既不是她不适应业务,也不是老板炒她鱿鱼,都是她自己自动离职。原因只有一个:她十分忧愁地对心理医生说:"我不知道如何与同事相处。为什么总有人造谣诬蔑我?有人排挤我?有人向老板告我的黑状?我也没有做错什么,为什么不能容忍我的存在?我只好逃避……"

路小姐的焦虑和忧愁,很有代表性。可见职场之路要想走得顺畅,除了业务能力很强之外,我们也要重视其他方面细节上的问题。否则这些事情都可以让我们感到焦虑和忧愁,影响工作的开展。

某部委干部乔女士由于工作近年来得到领导重视,各种媒体频繁地进行采访,"上镜"机会很多。但因她工作中一些难言的苦衷,使她对媒体的采访越来越反感,多次出现与记者的矛盾冲突。

可见,在生活工作中,可以导致人产生焦虑和忧愁情绪的事情有很多,我们需要学会化解这些负面情绪,只有这样才不至于毁了自己的工作。

人只有精神愉快才能信心百倍地做好任何事情,否则就什么事情也做不好了。在不可避免的快节奏生活中,如何摆脱焦虑和忧愁的负面情绪,减少它们给工作带来的损失和危害,这对每一个现代人来说,都是十分重要的。具体讲,有如下八种办法供你参考、学习和借鉴。

(1)学会做时间的主人。要合理安排每天的工作、学习和生活,实事求是地制订出每日、每周,甚至每月的工作计划及需要完成的目标。养成尽可能在限定时间内完成计划、任务的良好习惯,掌握时间的主动权,尽量避免

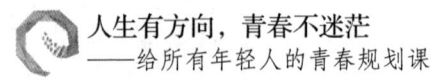

由于时间安排与实际活动的冲突而造成的手忙脚乱。俗话说：一步慢，步步慢。事情越积越多，就会造成心理负担加重，最后让自己因为工作而手忙脚乱，徒增焦虑和忧愁，惶惶不可终日矣。

(2) 学会适当留有余地。应在每天工作生活的时间安排上计算提前量，养成遇事提前应对的好习惯。例如，你清晨起床、洗漱、用早餐，然后，赶车8点整准时到单位，上班前的这些事情恰好要用去一个半小时时间。若6点半起床时间刚好够用，那么，你不妨6点即起床，这样留有半个小时的富裕，可使做事从容，也能在上班途中如遇到堵车等意外时不急不躁，从而减轻心理压力。其他如访友、看球赛、看电影也应当如此。

(3) 学会正确估计自己。无须讳言，现代生活不仅是快节奏，同时也充满了激烈的竞争。但个人能力总是因人而异且是有限度的，因此每个人都应实事求是地衡量和估计自己，绝不要拼命蛮干。如果事业未成却把身体拖垮了，那就得不偿失了。生活上则要知足常乐，量入为出，不盲目攀比，追求虚荣。

常言说："人比人，气死人"，坚持合适的生活标准，在合理收入的范围内安排好自己的生活，这样你就会常常感到心安理得，从容自在。

(4) 学会正确对待挫折。人的一生不可能不遇到困难，也不可能没有挫折，人贵在遇到困难时不气馁，面对挫折时不自卑。人要有勇气和自信心，要相信自己的力量，从挫折中总结经验、教训，战胜逆境，解开难题。正如鲁迅先生说的那样："用笑脸来迎接悲惨的厄运，用百倍的勇气应付一切的不幸。"

(5) 当你遇到不愉快的事情而心情难受时，则应尽量想办法"宣泄"或转移自己的情绪。如找亲友交谈，痛痛快快地讲出心中的郁闷或苦衷，或上影剧院看电影和去公园散步，去舞厅跳舞等，这些做法都可以让你减轻心中的焦虑和忧愁之苦。

(6) 学会忙里偷闲。无论工作学习多么繁忙，都应忙里偷闲，每天留出一定休息和"喘气"的时间，散散步，或进行一些力所能及的体育活动。

（7）有些人认为自己的言行举止、吃喝穿戴都要"看着别人做，做给别人看"，实际上那是很错误的，俗话说"人比人气死人"。人是地球上最高级的社会性动物，人本身是极其多样性和多元化的。正像大象、小兔、犀牛和长颈鹿不能相互比较一样，每个人的个性、能力、社会作用等，都是他人不可替代的。所以，要排除社会压力给自己造成的焦虑和忧愁，人就必须改变自己的想法和活法。要问一问自己：我的生活目标是什么？我是谁？我是不是每天有所进取？学会正确认识自己，愉快地接纳自己，以自我评价为主，正确对待他人的评价。

（8）人之所以会产生焦虑和忧愁的情绪，主要是因为，人对这两种情绪缺乏进一步剖析，不知道是因为自己没有进行及时的心理调适而造成的。因此，当这两种情绪有出现的苗头时，你要学会进行积极的心理调适。

如果你想控制焦虑和忧愁，减少它们给工作带来的危害，这里有四个步骤供你参考一下：

步骤一，叫停。一旦你感到有某种身体的不适，比如心跳加快、头晕，同时有某种不祥的预感时，立刻说"停止"。这时你可以在手腕上套一个橡皮圈，在你说停止时，拉一下橡皮圈弹自己的手腕，给自己以提示。

步骤二，找原因。长时间坐着突然站起时，头晕是正常的，并不是什么不祥的预兆。但是由于控制不了灾难性的想法，焦虑和忧愁就容易爆发。每个人都会有头晕、心跳加快、胸闷的时候，那只是正常的生理反应。在这些反应发生时，先找到原因，想想："我干了些什么（一直坐着又站起，所以会头晕）？""今天天气怎么样（天气预报说气压很低，所以感到胸闷）？""我昨晚休息得好吗（整晚没睡，所以很疲劳）？"找到原因，就可以控制焦虑和忧愁的发作。

步骤三，转移注意力。转移注意力就是把注意力集中在与你目前的感觉无关的事情上，使自己无暇进行灾难性的推测。调动你所有的感官去注意周围环境：假设你走在一个广场上，你感到隐隐的不安，这时你可以马上去注意广场周围有什么建筑？这些建筑有什么特点？你以前进去过吗？假设你正参加一个集会，不祥之感袭来，你可以马上观察你旁边的人或是某个主持人在说什么、干什么。

步骤四，控制呼吸。

（1）腹式呼吸：保持坐姿，身体后靠，不要驼背，五指并拢，双掌放于肚脐上。把你的肺想象成一个气球，用鼻子长长地吸一口气，把气球充满气，保持两秒钟，这时你看到你的手被"顶起"。再用嘴呼气，给气球"放气"，看你的手是否在慢慢回落。

（2）慢呼吸：开始学习时，不要让呼吸变快，而要用四秒的时间吸气，再用四秒的时间呼气。

控制呼吸的方法，必须每天坚持练习多次。在你练习的时候，它已经在帮助你降低对焦虑和忧愁的易感度。

人生的意义在于能活得开心、快乐而有价值。而焦虑和忧愁不仅会降低我们快乐的指数，还会影响我们的工作，甚至毁了我们的工作。因此，时刻保持平和、乐观、勇敢、自信的良好心态，学会对心情进行自我调整，不仅是我们克服焦虑和忧愁的法宝，也是我们获得快乐生活的必要保证。

心鉴：焦虑和忧愁都是我们情绪上的垃圾，我们必须学会自己进行调整和修复，否则我们大好的人生，就会在担惊受怕中、在自怜自艾中白白地消磨掉了。焦虑和忧愁这种情绪如果严重，就要到医院里及时寻求心理医生的诊治，如果不严重，就要学会自我开脱。具体来说要注意这几点：一是找到产生这种情绪的原因；二是问问自己，对于这些原因可以想出几种解决的办法；三是找到最佳的办法去解决问题。

第六章　要懂得承担责任

　　人活着就得肩负责任,这是我们活在这个世界上不可推卸的义务。为自己活着就要勇敢地承担起自己的责任。一个人要承担的责任有很多:在工作中通过学习提高自己的工作技能是你的责任;孝敬父母,照顾好父母是你的责任;抚养教育好孩子是你的责任;处理好家庭与事业的关系,让家庭和事业取得双丰收,是你的责任;处理好自己与周围人的关系,让自己得到一个好人缘,让工作更好开展下去,是你的责任……责任支撑着我们的人生,它虽然让生活充满了艰辛,但是也让人生变得更加充实、圆满,更富有价值和意义。

第六章 要懂得承担责任

通过学习不断提高自己的专业技能

  人生如同逆水行舟，不进则退。现代人很忙，忙着学习，学习结束了又忙着工作，工作好了又忙着晋升，最后忙得让自己喘息的机会都没有。可是忙归忙，自己的人生还要自己做打算，因此我们需要通过学习不断地充实提高自己的专业技能，提高自己的能力。这其实也是我们对自己的人生应该承担的责任。

  时代在进步，观念在一直不断地更新，我们也因此有机会从事不同的工作。这样做的意义在于：尽管你一开始做的决定并不一定是你的终生决定，但你仍然有机会去尝试更多的东西，这样你就能真正找到自己的兴趣所在，最大限度地发挥出自己的潜力。而要做到这一点，就需要你能不断地提高自己的专业技能，所以说，每个人都应该养成爱学习的习惯，只有这样，我们才不用担心自己会贬值；不用担心从"中流砥柱"的位置上退出；不用担心自己会在哪一天落后于别人。努力提高自己的专业技能，你还能挖掘出自己的才华和天赋，为时刻可能到来的机遇做好准备。

  "21世纪最缺的是什么？人才！21世纪什么最贵？还是人才！"《天下无贼》里的贼头黎叔这样说。看到了没，现在连做贼都需要有专业技术了，更何况我们这些在职场上的人呢？所以说，如果你想在自己的领域里有所收获，就得努力提高自己的专业技能，努力使自己适应企业和社会发展的

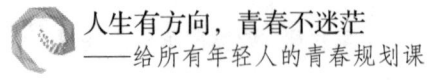

要求。

我们不仅要学，还要会学，在我们努力提高自己的专业技能之前，让我们来看看目前社会上都需要什么样的人才吧。

近年来随着社会经济的发展，复合型人才开始在职场上渐渐走俏起来。所谓复合型人才就是具有一项专业技能，并在其他领域有特长的人。这些人才的特点是多才多艺，能在很多领域大显身手。比如随着IT技术完全融入银行、保险、证券之中，那么，通晓金融、IT两大领域的金融业人才就是复合型人才，而这类人才将在未来几年内十分抢手。下面就让我们来分析一下，社会上所谓复合型人才的知识结构以及他们身上的优缺点。

（1）"I"型人才：只有专业技能，但知识面很窄，深度够但广度不够。就如同在原始社会，男人掌握狩猎或女人掌握织布就可生存一样，到了现代社会已经过时。

（2）"一"型人才：能力很全面，是一个杂家，博采众家之长，但缺乏深入的研究和创新。也就是说，宽度很广，专业能力却不强。这就是社会上出现大学的必要性。

（3）"T"型人才：不但有一门专业技能，还有较宽广的知识面，在做专业性工作时能有比较深入的研究。但是，他们的缺点是不能冒尖，没有创新。

（4）"十"型人才：既有较宽的知识面，又在某一点上有较深入的研究，他们适应能力强，敢于出头、冒尖，有很强的创新精神，但是掌握的技能还不够多。

（5）"II"型人才：有较宽广的知识面，同时具有两门或以上的专业技能。这种人能同时做好多种专业性工作，这种人才在目前市场经济中有较强的适应性。

（6）"木"型人才：未来世界倡导多元化，对人才的要求越来越多元。

"木"由一竖一横一撇一捺组成。一竖代表大学专业，一横代表综合素质，一撇和一捺可以代表毕业后自己拓展的两种能力，比如计算机和英语。这样的人集中了前面几种人才的优点，是真正的复合型人才。

复合型人才的特点我们都了解了，那么在当代的企业里又存在哪几种类型的人呢？

(1) 人裁。经过面试就被淘汰、未满试用期就被淘汰、在企业发展过程中因消极被动而被淘汰……他们往往明显表现出消极被动的倾向，能力很差，没有太多的利用价值；他们对工作不喜欢、没兴趣，不想干也不愿意接受他人管理。

(2) 人材。他们往往态度表现很积极，但由于对企业，对产品，对市场的了解不够深入，实战的经验和能力却一般。他们基本完全依靠上司管理，同伴协助，工作情绪化比较明显，时干时不干，主动思考、分析和解决问题的能力比较差。

(3) 人才。他们往往在工作上表现积极主动，能力较强。独善其身是缺点，需要上司或其他人经常点拨才行。

(4) 人财。他们在工作上表现往往是激情忘我，能力卓越。做事情总是自动自发，一丝不苟，习惯于带领培训和影响他人。

现在对照一下，你属于哪种类型的人才呢？在未来的世界里，你又想成为哪种类型的人才呢？如果你找到了自己想成为的人才类型，下一步就是努力奋斗了。下面介绍一下成为复合型人才的四大切入点，供你参考、学习和借鉴。

(1) 知识嫁接。知识嫁接不是简单的知识"拼盘"，而是将各类知识进行融合、相互补充、相互依存，自觉渗透、交叉，促进交叉知识、边缘知识在头脑中生化、成长。可以跨专业、跨地域学习，接受不同学校、不同地域、不同专业的学习，打破人为的专业"藩篱"，让知识自由流动。

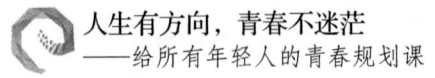

（2）学好外语。我们与国外的接触日趋频繁，必须会外语，既要会读，又要会说、会写。不仅要掌握一门外语，如果学有余力，还要掌握第二外语、第三外语。

（3）熟悉电脑。专业人才向复合型人才转化，不仅要能够熟练地操作计算机，还要结合专业和工作，学会编程和设计，进行上网学习和交流，了解本专业和相关专业的前沿状况及发展趋势，能利用因特网交友和进行大型工程的协同作战。计算机技能已成为复合型人才必不可少的技能。

（4）思维转换。面对同一个问题，要从不同角度去思考，得出多种不同的结果，拓宽思路。面对不同领域的知识，要善于用发散型思维方式去思考，并将思考结果加以比较，找出异同点，将知识信息加以对流、连接。

不论我们想成为哪一种类型的人才，都需要不断地学习和提升自己，我们有责任对自己的人生负责，有责任让自己的人生不断上升到一个又一个的台阶。总的来说，如果你想在一定时间内提高自己的专业技能，你就离不开实践和勤学苦练。具体怎么操作，你可以尝试从以下几个方面入手：

（1）扎实的专业理论知识。如果你想提高自己某一项专业技能，你首先就要把与这项技能有关的书本上的理论知识吃透。俗话说，巧妇难为无米之炊。如果不吃透理论上的东西，提高技能就像盖一幢没有打地基的大楼，是很难达到你想要的结果的。

（2）勤动手多实践。问题只有自己亲自去处理，印象才能变得深刻，下次遇到同样问题时才不会显得盲目或手生。这样你处理问题的速度才会加快，技能才能变得熟练，有所长进。要知道很多专业技能上的高手，他们的经验也都是从大量的实际操作中慢慢积累起来的。

（3）熟悉生产工艺、现场设备和操作图纸。一个人只有做到这些，他才会缩短判断问题和处理问题的时间。没事的时候多在现场一线巡检，多在一线处理问题，这不仅可以帮你熟悉一线的工作情况，也是提高你专业技能的法宝。

(4) 勤学好问，多向师傅请教。对于不懂的问题要有打破砂锅问到底的精神，直到弄懂为止。师傅们工作时间长，经验丰富，有很多值得你学习的地方。对师傅讲过的东西，要牢记在心，要会融会贯通，懂得怎样运用到工作中去。碰到不懂的地方，要多问几个为什么，然后再解决这些疑点。在这个过程中，你会不断进步和成熟。

(5) 及时总结经验和教训。工作中难免会遇到成功和失败，成功了要及时总结经验，失败了要及时吸取教训。人只有做到吃一堑，长一智，才能进步和提高。

心鉴：学习不仅是一项终生的事业，也是一个艰辛的过程。人要想获得充实、有质量的人生，就离不开学习。在今天更要抱着活到老、学到老的心态，充分利用身边的书本资源、网络资源进行学习。人学习的方式应该是灵活的、不拘泥于形式的，你可以向身边的朋友学习，向师傅学习，向同行学习，向同事学习，向父母学习，向兄弟姐妹学习，可以说，只要你愿意，任何人和事都有值得你学习的地方。抱着学习的态度生活，不仅可以随时提升自我，也是你对自己人生负责任的表现。

孝敬父母是子女应该做好的事

父母是在这个世界上对我们最钟爱的人，从我们出生到长大成人，我们人生每前进一步，都凝聚了父母无尽的爱心、关心和呵护。随着时间的流

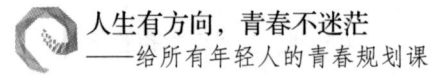

逝，父母慢慢变老了，这时孝敬他们就是子女义不容辞的责任。好好地孝敬父母，给他们提供一个快乐、幸福的晚年，多给他们一些关心和体贴是子女应该做到的事情。

孝敬父母，是人世间最美好的一种情感，这份情感的本质就是我们对父母爱的回报。孝敬父母，是我们中华民族的传统美德。孝，是儒家思想的重要组成部分。中国古代儒家的伦理学著作《孝经》，把自古以来人们朴素的孝敬父母的思想提高到理论的高度，成为我国及世界上第一部关于"孝"的专著。两千多年来，《孝经》被视为"金科玉律"，上至帝王将相，下到平民百姓，无不对它推崇备至，成为维护家庭和社会稳定的道德基础。

"孝"字，最早见于甲骨文，上面是个老字，下面是个子字，这是一个会意字，即：父母在孩子小的时候，要在上面呵护着，当孩子长大以后，父母老了，儿子在下面背着老子。可见古人在造这个字的时候，真是用心良苦啊！这个字的构成，体现了父慈子孝，反映了人伦的亲情关系。生命因为爱而变得美好，孝敬父母是指我们作为子女，对父母应尽的一份大爱。

孝敬父母，照顾好父母，是我们肩负的义不容辞的责任，是我们对自己人生负责的表现。我们国家历来把孝敬父母视为一种"大德"，一个人如果不孝敬自己的父母，无论走到哪里都不会受到别人的欢迎的，甚至还会遭到别人的唾骂。为什么这么说呢？

首先，孝敬父母是每个做儿女的义不容辞的责任，是"亲情回报"。

父母对儿女的关爱和奉献，都是无私的，也是非常伟大的。且不说父母在养育婴儿时所付出的巨大牺牲和艰辛，就我们从不懂事的孩子到上小学、中学、乃至大学，长大成人，成家立业，每一步成长，无不渗透着父母的心血。这样的情感，也许只有等我们有了孩子以后才能感受得到。所以我认为，在我们人生中，什么都可以忘记，唯一不能忘的，就是父母的养育之恩。一个懂得孝敬父母的人，才会有一颗"知恩图报"的心，才会报答任何一个对他有过帮助的人。儿童读本《三字经》里有这样两句话，"羊跪乳，鸟反哺；人不孝，不如物"。也就是说，连羊羔和乌鸦这样的动物，都知道孝敬父母，进行亲情回报，如果我们人长大了不知道孝敬父母，不懂得亲情回报，甚至虐待父母，那就是"禽兽不如"了。当然，我们父母都是普通人，他们也会有这样或那样的缺点，可是，如果没有父母的养育，我们的一切都将无从谈起。

其次，我们提倡孝敬父母，也是在给自己的子女树立榜样。

你对父母的态度怎样，都会有意无意地影响你的子女，将来他们对你的态度会和你对待父母的态度一个样。要想使自己的子女成为孝子，不仅要"言教"，更重要的是"身教"，身教重于言教。俗话说："上行之，下效之"；"有其父，必有其子。"你自己对父母很孝敬，给自己的子女树立了好榜样，等你老的时候，你的儿女也一定会效仿你。

再次，孝敬父母，是使得家庭和社会变得和睦美好的基础。

现在，我们国家已经进入了老龄化社会，在全国有1.45亿60岁以上的老人，超过总人数的11%，他们在年轻的时候，为家庭、为我们的成长和进步做出了奉献和牺牲，现在他们老了，应该受到子女们的尊敬和关爱。这不仅是一个家庭的责任，更是我们作为子女的一个责任。一个家庭如果把父母和老人都照顾好了，家庭就会变得很美好、很幸福。家庭好了，整个社会也就变好了。

我们说，孝敬父母是我们肩负的义不容辞的责任，那么我们到底应该怎样孝敬父母呢？

其实在我们日常生活中，孝敬父母的方法和内容有很多。在这里我只说两个字一个是"顺"，一个是"敬"。

所谓"顺"，就是孝顺。古人说"顺者为孝"，就是说，在父母面前说话、办事多顺着点，不要总跟他们"呛着"、"顶着"，不要在一些具体的小

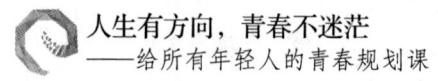

事上惹他们不高兴，能做到让自己的父母每天心情愉快，高高兴兴的，就是最大的"孝"。具体怎样使你的父母高兴，不同的家庭有不同的特点，需要自己去研究、去琢磨。

所谓"敬"，就是"孝敬"。俗话说："在家敬父母，何需远烧香。"不远千里到寺庙烧香，是为了"修好积德"，而孝敬父母，就是最大的积德。一个连父母都不孝敬的人，烧香拜佛又有什么用呢？

在孝敬父母方面，孟子说："食而弗爱，豕交之也；爱而不敬，兽畜之也。"意思是，对于父母和老人，只给送吃的，而没有爱的感情，就和养猪没有什么区别；只有爱，而没有孝敬之心，就跟养猫、狗没有什么区别。孟子其实是在告诉我们，对待父母，不仅是给送吃的，送穿的，就是尽孝了，更重要的是，要在生活上，体现"爱"和"敬"的情感。

具体来讲，我们在平时生活中要做到以下三点：

（1）对父母要多关心、多安慰。特别是对年老多病的父母更要如此，不要让他们有孤独或被"嫌弃"的感觉。对于一部分的单亲老人，老两口相濡以沫几十年，突然剩下一个，心里很自然会有孤独的感觉，作为子女，在这时就应该给父母更多的关爱才是。

（2）要多多问候。如果你在离家很远的地方工作，平时工作上你也很忙，但是无论你有多忙，也要经常给家里打个电话，报个平安，向父母问个"安"，以免牵挂。俗话说，儿行千里母担忧。孔子也讲，父母在，不远游，游必有方。这话说的就是这个道理。

（3）过年过节回家，要给父母些钱或买些东西，表示孝敬。有人会认为，我的父母是做生意的，不缺钱；有的是退休的，他们都有钱，家里什么都不缺，用不着给他们钱。这种看法是不对的。首先，父母的钱是他们自己挣来的，跟你"孝敬"没有任何关系。其次，过年领了工资了，给父母几百块钱，或买几瓶好酒、好吃的，它体现的是儿女对父母的一种情感，一种孝

第六章 要懂得承担责任

敬之心。他们看到这些东西的心理感受，是没法用金钱来计算的。父母心里高兴了，会认为你是个孝子，这样的一份情感是用金钱买不到的。他们看到儿女都很有出息，都有孝敬之心，也就心满意足了。做儿女的，如果连父母的这点愿望都满足不了，心里应该感到愧疚才是！

在我国历史上，汉文帝刘恒就是一位非常孝敬母亲的人。那么他是怎么做的呢？

公元前206年，刘邦建立了西汉政权。他的第三个儿子刘恒，在兄长汉惠帝死去之后，从吕氏家族手中夺回了帝位，是为汉文帝，也是汉朝的第四个皇帝，在位23年。汉文帝在位期间，是汉朝从国家初定走向繁荣昌盛的过渡时期。他继续执行予民休息和轻徭薄赋的政策，两次把田租减为三十税一，甚至12年免收全国田赋，大大减轻了农民的负担。他还亲自耕作，做天下之表率，对当时农业生产的迅速恢复与发展，起了积极的推动作用。

尽管贵为一国之君，刘恒却从不懈怠对母亲薄太后的奉养，仁孝之名闻于天下。有一次，薄太后患了重病，这可急坏了刘恒。他亲自为母亲煎药汤，并且日夜守护在母亲的床前。为薄太后煎好的药，他总要先尝一尝，看看汤药苦不苦，烫不烫，自己觉得差不多了才放心让母亲服用。因为担心母亲的病情，他目不交睫，衣不解带，只有看到母亲安稳地睡了，才趴在床边睡一会儿。薄太后一病就是三年，刘恒天天坚持照料问病，从不间断。他孝顺母亲的事迹在朝野广为流传，人们都称赞他是一个仁孝之子。

仁孝闻天下，巍巍冠百王；

母后三载病，汤药必先尝。

这位孝子皇帝也没有荒废政务，他重德治，兴礼仪，注重发展农业，使西汉社会稳定，人丁兴旺，经济得到恢复和发展，开创了"文景之治"的繁荣局面。

刘恒对母亲的关心和照顾之情，值得我们深思和动容：一个国家的皇帝

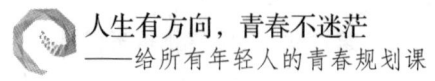

都能够这样地爱自己的母亲，都能这样细心地照顾自己的母亲、不辞劳苦，这是怎样的一份大爱啊。

世界上什么事情都可以等待，只有孝顺不能。因为时间如流水般逝去，我们可能根本没有清闲的时候。如果非要等到有时间，有所谓的能力的时候再去把孝敬父母的念头付诸行动，到那时可能已经太晚了，因为父母那时可能已经年迈，吃不了你给他们买的好东西了，也无法享受你提供的娱乐方式了，甚至，有的父母可能已经去世。因此我们说，孝敬父母要及时，不要犯"子欲养而亲不待"的错误，否则那真的变成人间很悲凉的一件事情了。

孝敬父母是一种心态，是对父母的一种责任和感情的倾注。我们对父母的爱，应该像阳光、雨露对小树苗的爱一样，那样的无私，那样的自然，那样的润物细无声。有空的时候，想一想自己是怎样一步步地走过来的，想一想那时陪伴在我们身边，给我们无尽呵护的父母是怎样一天天地熬过来的。岁月让他们的鬓发变得斑白，也让我们的身材由弱小变得强壮、高大。因此孝敬父母要及时，孝敬父母是我们生命中不可推卸的责任，也是我们义不容辞的义务。

心鉴：父母对我们的恩情，是我们一辈子都无法偿还清的。孝敬父母，对父母好一点，是天底下每个子女义不容辞的责任。你知道父母的生日吗？你经常陪父母聊天谈心吗？逢年过节你能经常给父母一些零花钱吗？你给父母剪过手指甲、脚趾甲吗？别小看这些点滴的小事，这可都是孝敬父母的表现，如果你没有做到，那就抽时间补上吧，父母会很感动、很开心的。另外别跟父母对着干，也是你孝敬父母的重要表现啊。

第六章　要懂得承担责任

为人父母者要懂得爱护孩子

孩子是祖国的未来，是父母生命的延续，爱护照顾好孩子，是为人父母的责任。天底下没有一个父母不爱自己的孩子的，可以说，每一个父母都希望自己的孩子能变得越来越聪明，越来越漂亮，越来越有出息。爱护好孩子，照顾好孩子，让他们健康成长，让他们接受良好的教育，把他们培养成才，这些都是做父母的人，对孩子应尽的义务。

但是世界上的很多事情，有时你是很难控制的，比如在对待孩子的这个问题上。父母和孩子之间产生的矛盾诸如代沟问题、青春期叛逆问题、早恋问题等，面对这些问题，父母除了感到苦恼之外，应该怎样做，才是真正爱护孩子、照顾孩子呢？这的确是一个让人感到很棘手的问题。

俗话说，身体是革命的本钱，父母爱护孩子的第一步就应该让孩子拥有一个健康的身体，这是孩子一生的基础和本钱。

曾经有一个抱怨自己一无所有的年轻人，遭到了年老智者的反问："如果给你 500 万，但要求你用眼睛来交换，你愿意吗？"年轻人回答："不，我不愿意！"老人又说："如果给你 1000 万，但要求你用双手来交换，你愿意吗？"年轻人仍然干脆地拒绝了。于是老人笑着说："既然你已经拥有了千万以上的财富，为什么还觉得自己一无所有呢？"老人口中的千万财富，就是年轻人拥有的健康。是的，如果把一个人的幸福用 10000000 这样的数字来衡量，后面的那些"0"分别代表金钱、美丽、地位、名誉、快乐、家庭等，而前面的那个"1"则是代表了健康。只有在健康这个"1"成立的前提下，后面的"0"越多，我们的人生就会越幸福；而如果健康这个"1"不存在了，后面的"0"再多，也终究是一场空。

因此，在培养孩子的问题上，父母一定要把"健康"当做头一件大事来对待，好让自己的孩子赢在起跑线上，拥有一个屹立不倒的"1"。

现在，我们培养孩子，首先应该让孩子拥有的最基本的东西，那就是身体的健康。

在西方，一个身体不健康的孩子，除非是有先天性的疾病或不足，否则会被认为是教育的一种缺陷，是父母教育方式的失败。

试想，假如你的孩子才华横溢、功成名就，但是却身体虚弱，他能不能得到完整的幸福？不能。他不能享受人生的成就，不能欣赏这壮丽的山河，甚至也许不能将事业进行到底，因为身体太弱，需要时常休养。即使腰缠万贯、富甲一方，又或者高官厚禄、大展宏图，又或者貌如天仙、才艺俱佳，如果是体弱多病，终日离不开药物，这样的人生也是黯淡无光的。

哪怕是贵为天子，如果身体不好，也要将大好基业拱手让人。

明成祖朱棣当上皇帝后，考虑到自己皇位继承人的问题。他儿子不少，长子朱高炽是朱元璋还在世时便被立为太子的，而且生性稳重沉静，言行识度，喜好读书，儒雅仁爱，很得朱元璋的喜欢。但是，这个儿子并不受一生嗜武的明成祖朱棣待见，因为他喜静厌动，体态肥胖，身体虚弱，总要两个内侍搀扶才能行动，还总是跌跌撞撞的。

不过，最终朱棣还是选择了长子朱高炽。最大的理由，一是明朝的内阁制度和汉族的封建社会长幼有序制度，在某种程度上对帝王的强大约束力；二是朱高炽没犯过什么重大的错误，废之无名；第三点也是最重要的一点，朱高炽的长子朱瞻基敏慧异常，深得朱棣的喜爱，著名的文臣解缙曾经以"好圣孙"来说服朱棣，使他终于下定了决心。就这样，朱高炽差点因为身体虚弱而失去的皇储地位，终于得以确立了。

第六章　要懂得承担责任

朱棣 65 岁时与世长辞，朱高炽即位（1424 年），改年号为洪熙，开始了他一系列的改革：赦免前朝特殊时期遗留下来的历史问题、冤假错案，缓和统治集团内部的矛盾；选用贤臣，削汰冗官；修正律法，减免赋税，休养生息。他处处以唐太宗为楷模，修明纲纪，爱民如子，使饱受战乱冲击的社会生产力得到了空前的发展，明朝进入了一个稳定、强盛的时期，也是史称"仁宣之治"的开端。

本来，这来之不易的皇位是可以让朱高炽好好干出一番事业来的。可惜的是，身体虚弱始终是他的"硬伤"。该来的还是来了。公元 1425 年 5 月 29 日，刚登基仅仅 8 个月的朱高炽，便因为心脏病突发猝死在皇宫之内。虽然在位时间短，但他的父亲一生大部分时间都在征伐，朝中的政务一直是交给朱高炽来掌管，所以有充分时间来推行自己的政策，为即位打下了良好的基础。再加上这 8 个月的时间，朱高炽对明朝做出的贡献还是应该肯定的，无愧"一代仁君"的称号。可惜的是，这位仁君在位的时间实在太短，身体实在太弱了。朱棣要是泉下有知，会不会后悔自己当初没有督促儿子把身体锻炼好呢？

有太多的事例向家长们说明：没有身体的健康，就没有孩子的一切。在科技水平发达、健康观念先进的今天，我们有什么理由不重视孩子的身体，发展他们这最基本的素质和资本呢？

那么我们应该采取哪些措施，来保证孩子的身体健康呢？在这里主要要做到的事情就是：用营养与锻炼帮孩子打造一个健康的身体。

现在的父母在提到孩子身体健康的时候，恐怕第一个想到的就是孩子的营养摄入是否足够，是否全面。为此，他们甚至按照营养食谱，一样一样地做好了让孩子吃，他们喜欢吃的东西，也一一给予满足，只怕孩子不吃或吃得少，唯恐他们营养不良，影响发育、伤了身体。但具有讽刺意味的是，现代"小胖墩"数量的急剧增加，反而成为孩子身体健康的一大隐患。究其原

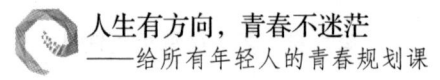

因，却是孩子们吃得太好了，对粗粮和素食的摄入量不够。

有很多孩子喜欢吃炸猪排、炸鸡腿和炸土豆条等油炸食品，因为又香又脆，确实很好吃。但现代"文明病"都与吃肉吃油吃出来的"酸性体质"有关，如肥胖、高血压、糖尿病、脂肪肝、动脉硬化、痛风等。这些疾病的高发人群已经越来越年轻化，为家长们敲响了警钟。

调查显示，在孩子最喜欢吃的食物中，12.3%是油炸类，21.8%是甜食类，7.9%是谷物类，21.0%是肉类食品，而14.8%是饮料食品。其中，爱吃油炸食品的原因中，有73.3%的孩子认为好吃，而5.7%的孩子认为有香味。

有一个5岁的孩子，最爱吃快餐，尤其是快餐中的薯条。他甚至要求父母承诺每周一定要带他去吃三次快餐，不然就大哭大闹个没完，饭也不吃，觉也不睡。拗不过家里的独苗，父母只能一次次地妥协，无奈地答应他的要求。由于肥胖、超重，才5岁的孩子就出现了脂肪肝。

其实，应该怎样让孩子吃好？科学的营养观就是：全面摄入各类食物，不要挑食、偏食，在现在的饮食习惯基础上，多吃蔬菜水果以及粗粮。专家建议，孩子的口味尽可能地清淡一点，他们未发育完全的肠胃并不适合大鱼大肉。

当然，注重孩子的身体健康，还要用"两条腿走路"，在注重饮食的前提下还要重视体育锻炼。这不仅是在培养一个良好的习惯，也是在形成一种健康的生活方式；不仅能强身，更能强心。

著名经济学家马寅初，一向重视体育锻炼，从十几岁开始，直到百岁高龄，从未间断。他一生坎坷，却奇迹般地突破了百岁大关。

除了对身心的益处之外，锻炼还能促进孩子的智力发育。著名教育专家孙云晓教授曾讲过康健父子的故事：

康康出生时才五斤二两，这让身为体育老师的父亲康健感到很失望。康老师开始实施他独特的健康第一、体育为主的家教方针。从康康会走路到他初中毕业十多年的时间里，康老师每天都带孩子进行至少一个小时的体育锻炼，从未间断。

运动对智力大有好处，虽然康康用在学习上的时间比较少，但他的学习成绩却名列前茅。因为康康经过体育锻炼之后，精力比别的同学旺盛，上课能够专心听讲，作业完成速度快。而且，康康抗挫折的能力也较强，如果偶尔成绩不理想，康康也不会垂头丧气，而是依旧对自己充满信心。

很多孩子，为了学习主动或被动地放弃了锻炼身体，这是很不明智的。不锻炼身体的人常感觉四肢乏力，打不起精神做事情或学习。身体健康是保障，只有身体好了，学习起来才会更轻松。

经常进行体育锻炼的孩子，能够养成良好的个性心理，磨炼自己的意志力。参加体育运动，经常需要克服很多困难、遵守规则、调节和控制某些不良的个性品质，因此能帮助孩子培养坚强的意志、勇敢、果断、积极向上等良好品质。这样的孩子，长大以后会得到更多的发展机会，他的生命会更有质量。

作为父母，没有不想自己的孩子好的，可是决定孩子一生命运的东西却是性格。父母爱孩子没错，如果想为孩子做长远打算的话，那就注意培养孩子拥有一个好性格，为今后的人生发展打下坚实的基础。

一个人最大的特点，就是他的性格。我们可以没有财富、没有学历、没有朋友，但决定一生幸福的不是这些，而是性格。这是一种本质的东西，不论外界环境如何变化，性格却与孩子如影相随，并暗暗地决定他们的命运。当我们为孩子的未来感到忧心，想要赋予他更强大的生存能力，能独立生活得更好、取得比自己更大的成就的时候，我们不应该忘记培养、陶冶他的性格，给予他立足的资本。

在今天，我们对下一代性格的要求已经变得更加具体。一般来说，让孩子养成良好的性格特征，以适应社会生活的要求，作为父母应该从以下几个方面着手：首先，要培养孩子的自信心；其次，要培养孩子的应变能力；再次，要培养孩子积极、乐观的态度。

至今，西方还有一句关于教育的谚语："做母亲就要做爱迪生的母亲，做父亲就要做富兰克林的父亲。"这其中很大的原因，就是他们对孩子性格养成所起的积极作用，值得一代又一代的家长们效仿。

聪明的、懂得教育的父母，都会注意在生活细节上培养孩子的个性。比如，若你希望孩子有耐心，就一定得对他表现出耐心；若你希望孩子真诚，就要对他推心置腹、说到做到；若你希望孩子自信、积极，就要对他多加鼓励，少些埋怨。

有这样一位年轻的爸爸，当他看到两岁多的儿子打碎了奶杯，奶洒了一地而呆呆发愣时，立即跑到儿子面前安慰他说："宝宝长大了，手真巧，会自己拿奶杯了。"接着，年轻的妈妈也赶了过来说："不要怕，下次一定会拿得住。"

看，这对父母抓住孩子点滴的进步和成功，对他做出的努力给予赞赏和鼓励，就是给他积累了积极的情感，让孩子觉得自己还行。在日常的点点滴滴中，时刻保持这种"鼓励多于责骂"的教育方式，就能够使孩子越来越有自信，处事态度越来越积极。要培养孩子其他方面的好个性，方法也是一样的。在日常生活中，在点滴的细节中培养孩子，方法和道理就是这样简单。

好父母胜过好老师，并且父母都是孩子人生最佳的启蒙老师，对孩子一生的发展，发挥着不可低估的作用和影响。因此我们要爱护好孩子，照顾好他们是我们义不容辞的责任。我们年轻的时候，给孩子提供庇护，当有一天我们老去，孩子就是我们最好的依靠。

爱护照顾好孩子，就是照顾好我们的未来。

第六章 要懂得承担责任

心鉴： 做父母的，爱护孩子的方式有很多，比如为他们提供优越的生活学习条件，教他们做人的道理，帮他们树立正确的人生观、价值观等等。做父母的怎么爱孩子都可以，但是不应该溺爱孩子，不应该满足孩子无理的要求，否则这不仅会害了孩子，也是父母对孩子不负责任的表现。

要平衡好家庭和事业的关系

家庭是我们的港湾，事业是我们人生价值的体现，家庭和事业对我们每个人来说都很重要。人人都想得到这两样东西，哪一个都不想失去。如果人处理不好家庭中的事情，就会影响到他事业上的发展，而事业做不好的话也会影响到家庭的稳定。

当代人如果想生活得好，就得把家庭与事业统一起来对待，使其相辅相成、相得益彰。现代社会经常以"事业"的优劣来衡量一个人成功的大小，去看这个人的价值几何，去看这个人的优秀与否，而很少会去关注一个人的家庭生活怎样，以及家庭在他的人生中所占比例有多重。以上这个观念，正是忽视了人生两个重心中很重要的另一环——家庭。

中国的文化很强调家庭的建设，古人云：成家立业。先成家后立业的立意蕴涵其中。古时候人们对长幼有序的家庭观念的重视，显示出他们对家的重视。到了现当代，我们不得不很遗憾地发现，这些传统的东西一点点在流失，传统里一些优秀的、值得去发扬的家庭伦理观念似乎也大都丢失了。

不知道大家有没有想过一个问题：在自己的心中，是事业第一还是家庭第一？或许很多人都会回答，应该把家庭排在第一，事业排在第二。可是，

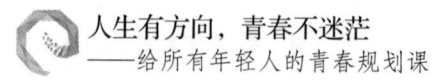

我们却发现在行为上，人们的选择往往是相反的，常常是把事业放在第一位，家庭排在了第二位。

根据最新统计的数据来看，美国处于中产阶级以上生活群体的人，他们的婚姻生活是相对稳定的，离婚率并不高。在美国，中产阶级以上群体的人都会以展示家庭生活的美满作为良好个人形象的标准之一，他们会以自己家庭生活的美满而自豪。大家可以看到，美国总统的候选人会带着配偶和孩子出现在公众面前，这是因为，在美国人的观念中，家庭同样是一份事业，经营家庭这份事业甚至比经营其他事业更为重要。

有一个很有趣的例子，一个世界五百强的企业要招聘一个重要职位的高管，他们的面试方式是怎样的呢？第一个问题是，你结婚了吗？有孩子吗？父母跟你们一起住吗？如果应聘者的回答是肯定的，他们就会说，好，我们先一起吃一顿饭。在吃饭的过程中，那个有经验的面试官会去看这个面试者跟他太太的关系，跟他孩子的关系，以及跟他父母的关系，在他的餐桌礼仪中，面试官会看出这些信息。这就是面试的第一关。

公司的面试官解释，家庭是一个人成长的地方，是一个人的一份事业。一个人在家庭中接受了良好的教育、经受了应有的磨炼，他的性格和行为就会表现出耐心、爱心和包容。

经营家庭其实也是一份事业，甚至可以说，经营家庭就像经营一个企业一样。我们知道，经营一个企业是很难的，诸多的矛盾、诸多的不顺、诸多的危机和诸多的事件需要处理。而家庭不仅仅是你的乐园，不仅仅是你感受到快乐的天堂，更是需要你去经营的"企业"，而且，这个企业是所有事业中最不可以失败的。因为这个企业生产的是一份感情和亲情，是一个合格的孩子，是你深爱的下一代，你有一份责任让他身心健康地成长。

家庭是在配偶和孩子的支持下组织起来的。在美国有一个机构，调查了一百个百万富翁，分析他们成功的因素，其中包括机遇、父母的关系等五十

第六章 要懂得承担责任

多个因素，而排在第三的是配偶的支持。通常来说，夫妻两人如果可以同心，可以建立一种亲密的关系，两个人就可以创造奇迹。

美国有一位女明星，她主演的电视剧十年占据收视率榜首。她说她的成功要感谢她的先生，他是一个导演，当初他们结婚的时候，两个人都不是当红的演员和导演，可是他们俩彼此相互支持，相互成就对方，最终两个人都成名了。

如果去研究那些很成功的人士，他们的婚姻状态和夫妻之间的关系，对他们的成功是很关键的。

美国总统里根，老年的时候得了老年痴呆症，当他的随从陪他去录像的时候，他看到一朵花，就说："我要摘一朵花回去送给我的太太。"在他什么都不记得、什么都不知道的时候，他生命里最深刻的力量还是他太太，他的太太因此非常感动。

在家庭中，夫妻两人是相依为命的，因为孩子长大后会有他自己的家庭要经营，会有他自己的人生，最后留下来陪伴你的是你的配偶。在你的生活里，你的父母把你养大是他们的责任，现在是你反哺的时候了，你的孩子还小，你身上的压力很大。其实，当你病了，有麻烦或发生不测的时候，真正能站在你身边的不是你的先生或太太的话，还会有谁？当你和你的配偶能建立这么一种牢固关系的时候，在你的潜意识里面，你会有一种安全感，因为你会感到这么一种关系在你的生命中存在。如果没有的话，你的内心就难免会发慌，就会有一种想法：到底我生命中的另一半在哪里？

一个男人不是一个"人"，一个女人也不是一个"人"，只有他们两个在一起，从心灵上结合的时候，才会形成一个完整的"人"，而且男人和女人的性格又是互补的。婚姻是需要去经营的，就像经营企业一样，婚姻生活不可能是一帆风顺的，你会花多少时间和精力去经营你的婚姻？去跟你的爱人、你的伴侣去建立这样一种亲密的关系？而在这种关系之中，你需要去养育你的孩子，如果夫妻间没有这样一种健康的关系，那么孩子会受到极大的影响……

在西方国家流传着这样一个故事：

三个商人死后去见上帝，讨论他们在尘世的功绩。

第一个商人说："尽管我经营的生意几乎破产，但我和我的家人并不在意，我们生活得非常幸福快乐。"上帝听了，给他打了50分。

第二个商人说："我很少有时间和家人待在一起，我只关心我的生意。你看，我死之前，是一个亿万富翁！"上帝听罢默不作声，也给他打了50分。

这时，第三个商人开口了："我在尘世时，虽然每天忙着赚钱，但我同时也尽力照顾好我的家人，朋友们很喜欢和我在一起，我们经常在钓鱼或打高尔夫球时就谈成了一笔生意。活着的时候，人生多么有意思啊！"上帝听他讲完，立刻给他打了100分。

这个故事也告诉我们，一个人正确处理好事业与家庭的关系，是很重要的，我们不能顾此失彼，而是要学会兼顾和平衡。

具体来说，我们要想处理好家庭和事业的关系，可以尝试从以下几个方面入手：

（1）家庭和事业一个也不能少。家庭生活和职业生活是人生的两种生活。家庭生活主要包括抚养子女、赡养父母、扶助兄弟姐妹。在家庭中，我们一方面是休息享受，一方面是处理家务。职业生活就是我们在职业岗位上的生活。它主要包括一是在职业岗位上的工作和劳动，二是处理上下级关系、同事关系。职业生活的任务主要是生产。

家庭是人生的基础，人生不能没有家庭。每个人都出生于一个家庭，隶属于一个家庭，总要生活在一个家庭之中。没有家庭的人就成了一个流浪人，就成了一艘没有港湾、在大海上漂泊的小船，必然被风浪吹打得破烂不堪。事业是人生的立足之本，人生不能没有事业。一个人必须有自己的事业，并在事业上作出一定的成绩。如果只有家庭，没有事业，就成了一个永远存放在港湾里的小船。只消费、不生产，人生没有地位，也毫无意义。

(2) 家庭幸福和事业的成功都要追求。家庭幸福是人生的基本幸福。人的生活包括三大生活，家庭生活、职业生活和社会生活，人生有三分之二的时间是家庭生活。和配偶一起的生活、和子女一起生活、和父母一起生活，享受天伦之乐，是人生最基本的幸福。没有家庭幸福，人生的幸福是不完整的幸福，是有缺憾的幸福，事业成功是人生的高级幸福。人的需要不仅有生存的需要、发展的需要，而且还有成就的需要。事业成功是人生的高级追求。在事业上做出成就，是人的高层次需要和追求。事业的成功是人的智慧、力量的展现，也是人的本质的展现。事业成功使人有成就感，这种幸福是家庭幸福不能替代的。

(3) 搞好家庭和事业成功都是贡献。搞好家庭是重要贡献，家庭是社会的细胞，家庭这个细胞的好坏，影响社会机体的健康。家庭关系是社会最基本的关系，家庭关系处理的好坏影响社会的稳定和发展。家庭是生儿育女的基地，家庭影响着人类的存在和繁衍。家庭为社会培养人才，关系着社会的进步和发展。事业成功也是重要贡献。人从事的事业是面向社会的，人在事业上取得的成绩，直接服务于社会和他人，人只要为社会做出了贡献，就会得到社会的肯定和尊重。

(4) 家庭和事业相互促进。家庭是事业的后方基地，家庭就像船舶的港湾和汽车的加油站，能够为事业补充给养、提供动力。得到家人的支持，干起事业无后顾之忧。在家庭中得到很好的休息，在事业上才有力气。在家庭中心情愉快，干起事业来才有精神。家庭促进事业的成功，相反，如果家庭不好，就必然直接或间接地影响事业的发展。事业是家庭的前方阵地，事业的成功，会给家庭带来丰硕的经济收入。经济上富裕了我们才能建设美好家

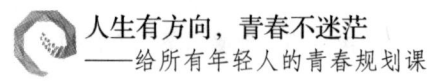

园,过上幸福的生活,才会使子女得到良好的教育。相反,事业无成,收入微薄,就会使家庭生活拮据,无力赡养父母,缺钱培育子女。

一个人能有幸来到这个世界上走一遭不容易,每个人都应该为自己活着。人只要活着就得承担责任,而处理好家庭和事业之间的关系,就是我们不可推脱的责任和义务。谁能处理好这两者之间的关系,谁就能收获幸福、美满的人生。

心鉴:拥有一份满意的事业,再拥有一个幸福的家庭,是世界上每个人的终极梦想。但是怎样才能处理好这两者之间的关系呢?一是要非常重视这个问题。二是要用自己的智慧去经营,学会经营婚姻、家庭和事业。三是不要轻易放弃,要学会克服困难,解决问题。特别是对于一段婚姻,如果你轻易选择了放弃,你会发现在下一段关系中,你还会遇到同样的问题的,那么到那时你又该咋办呢?

让周围的人变成自己的朋友

一滴水要想不枯竭,只有汇进大海;一个人要想力量无穷,只有融入到集体的力量中去;一个人只有想办法拓宽自己的社交圈子,才能收获良好的人缘,让周围的人成为自己的朋友,为自己的事业添一份力量。

成功学大师卡耐基说:"一个人事业的成功,只有15%是靠他的专业知识和技术,另外的85%则要靠人际关系和处世技巧。"这是说,一个人的力量毕竟有限,要想干一番事业,除了要靠自己的艰苦奋斗外,别人的帮助也是必不可少的，有时甚至起着非常关键的作用。

在今天的职场中，与周围的人处理好关系是我们的责任。我们只有学会与人相处，学会与各种各样的人打交道，我们就能在社交场合中左右逢源，在职场的江湖中呼风唤雨、叱咤风云。如果你想与周围的人处理好关系，首先你应该从自己的性格上做出一些改变。那么，哪些性格能使你在社交中受欢迎呢？心理专家认为如下性格特征必不可少。

（1）诚信。诚信是智慧和道德高度交融的完美产物，是人际交往中的基本准则。诚信就是人际交往中的空气和水，人离开了空气和水不能活下去，同样，在社交中如果没有了诚信作保证，那一个人的社交生命也会很快枯萎而死。因为，人们往往把诚信作为与别人是否交往下去的基本准则。俗话说，"言必行，行必果"。在人际交往中你只有以诚信为天，你才能结交到更多的对自己有帮助的人。

（2）谦逊。谦逊是获得良好人缘的重要方式。一位智者曾说："如果你想得到仇人，就表现得比对方优越吧。如果你要得到朋友，就在对方面前保持谦逊吧。"没有人愿意和傲慢无礼、不可一世的人交往的。

在现实生活中，骄傲是没有生存空间的，因为它人为地使自己与周围的人隔绝了。我们也可以看到，凡是成就越大，地位越高的人，越是没有架子，越是平易近人，因为他们懂得谦虚。虽然其内心也是壮志凌云，但外表却永远平和、谦逊地待人处世，所以能广收人缘。

（3）宽容。严于律己、宽以待人是人际交往中的重要准则。俗话说，将军额头跑得马，宰相肚里能撑船。在人际交往中宽容大度，有一个"宰相肚"，既能使别人感到无拘无束，也能使自己感到精神愉悦。别人乐于与你交往了，自己也会感到天地无限广阔。因为你可以在朋友的海洋中尽情徜徉，以寻找走向成功的机会。

一个宽容的人必定是善良、厚道、乐观、开明、有耐心的人，同时也是有聪明才智和深谋远虑的人。如果你能容天下难容之事和难容之人，那么人缘就会如百川归海，人才就会聚拢到你的周围。有了人缘作保证，又何愁大事不成呢？

（4）幽默。一个人只有思想健康、情趣高尚才可能有幽默的谈吐。一般来说，幽默的人都有着较高的思想境界和较佳的涵养。相反，一个心胸狭窄、消极颓废的人是不懂幽默的人，也不会有幽默感。

有幽默感的人给人的感觉是可爱的。他幽默诙谐的谈吐，会让每一个与他接触的人都感到愉快，会给人留下深刻而良好的印象。而这样的人也必然会时时为人所提起，那么人缘也自然就好了。

如果交际中的你，尽管也开朗健谈，但没有幽默成分的话，那就不妨给你的话语中加些幽默的调味剂，以使你的谈话更加精彩，更加吸引人。如果你的性格有些内向，不太健谈，那就更应该加进幽默的成分，一出口便是让人忍俊不禁的幽默话，大家能不对你刮目相看吗？

（5）情绪稳定。随时随地保持着稳定的情绪，这在人际交往中也是非常重要的。自古以来人们在评价一个人时，只要看他的涵养和行事风格如何，就知道是不是经国之才，是否有大将之风。由此可见，学会控制自己的情绪是何等的重要。

如果我们能把情绪控制好了，就可以化险为夷，化阻力为动力，在山重水复中走出一条通向成功的路。如果不能控制自己的情绪，自己就容易急躁、恼怒，产生一些不理性的言行举止，轻则贻误时机，重则得罪他人，会给你的前途设阻的。

好的性格可以让你给人如沐春风的感觉，可以给你带来很多好的发展机会。但是除此之外，你还可以做出一些努力，让自己变得更加受欢迎。要知道，健康的心理素质、积极的生活状态，是你进行广泛社交活动的必要条件；而你要想让自己变成一个受别人欢迎的人，就必须不断加强自身修养，

第六章　要懂得承担责任

努力克服人际交往中的不良心态，你才能获得别人好的评价。

在社交生活中，人们喜欢的对象，大半都具备相同的特质，不论在什么场合，总是这些类型的人特别讨人喜欢，他们给人的印象是"他在任何地方，都能谈笑风生"、"别人总是喜欢围在他的身边"、"只要他一出现，气氛就愉快多了"等。而这些受人欢迎的人，大都具备以下特点。

（1）开朗、自信。开朗、自信的人，脸上常常带着微笑，谁见了都会喜欢的。与这样的人接触多了，自己也会变得愉快起来的。他的这种乐观态度不自觉地就感染到身旁的人，大家不由自主地就会想接近他。

（2）温和、亲切。温和、亲切者四周总是飘溢着一种独特的气氛。这种气氛有着不可抵挡的吸引力，这种力量，能使人感到镇静，心里有了依托，愤怒也能平息，激动也能缓和，这是一种磁石般的魅力。不管是大官还是大明星，只要具有这种特质，乐于接近周围的人，愿意说些家常话，和家人一样亲切，都会使人乐于接近的。

（3）热心助人。不论在何处，热心的人总会得到别人的尊敬。很多人为了一些小事，怕麻烦，只会一味地推托，总不情愿由他来做，这样的人是不会受人欢迎的。热心的人，在大家正需要帮忙时，会挺身而出；有时会不计较自己损失的利益来造福大众。这样的人，我们往往会被他的所作所为感动，而敬重他。

（4）打扮得体。有一位诗人说："美是永恒的喜悦。"喜欢美好的事物，可以说是人的天性。美丽的人到处受人追捧、簇拥，也是这种天性的反映。"容貌是后天的"，只要外表、打扮、穿着能让人赏心悦目，也是吸引人的重要条件。

具备了上述这些特质，就可以让你成为一位受人欢迎的人。可是，就如同一块璞玉，材质固然很好，但也需雕琢打磨一番，才能成为精品。所以，一个人要想在社交中赢得他人的好感，还得具备一定的社交技巧。

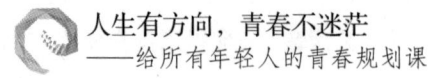
人生有方向，青春不迷茫
——给所有年轻人的青春规划课

(1) 多提善意的建议。当一个人关心你时，只要这份关心不伤害到自己，并且对方还提了些善意的建议，你当然会欣然接受，并对这个人产生好感。那么，反过来你对别人也如此，别人也同样会对你产生好感。

(2) 坦率地暴露一两个小缺点。有时坦率地暴露缺点，反而会迅速获得对方的信任，给对方留下一个正直、诚实的印象。但切记，暴露缺点不是越多越好，否则会丧失别人对你的信任；只要一两个就可以了，这样可使他人把这一两个缺点和其他部分联想在一起，因而产生其他部分毫无缺点的感觉。

(3) 记住对方所说的话。记住对方说过的话，事后再提出来做话题，是表示关心的做法之一，也是说话的策略之一。尤其是爱好、梦想等方面，对对方来说，是最重要、最感兴趣的事，一旦提出来作为话题，对方一定会觉得很愉快。

(4) 注意对方微小的变化。不论是谁，都渴求拥有他人的关心。而对于关心自己的人，一般都具有好感。因而若想获得对方的好感，首先必须积极地表示出自己的关心，只要一发现对方的服装或使用的物品有些微小的变化，不要吝惜你的言辞，立即告诉对方。

(5) 频频称呼对方的名字。欧美人在说话时，频频将对方的名字挂在嘴边。例如，"来杯咖啡好吗，布什先生？" "你是怎么想的呢，布什先生？" 这种说话方式往往使对方涌起一股亲密感，就如彼此相交多年。其中一个重要原因就是他感受到对方已经认可自己了。

在我们的社会里，虽然不允许直接称呼长辈的名字，但在平辈之间则可频频称呼，以此来增进彼此的亲密感。

(6) 注意细节投其所好。例如，有位成功人士就有个很好的习惯，他将对方感兴趣的事物都记录在对方的名片上，当再度见面时，就可以将对方感兴趣的事情作为话题，即使只是见过一次面的人，若能记住对方的兴趣，对方必然会感到你对他的重视，会对你产生好感。

（7）学会暖人的微笑。我们在与人交往中，不管对人家的意见同意还是不同意，都不要摆出一副冷冰冰的面孔，谁也不愿意和态度冰冷的人说话。即使是出于某种无奈而非谈不可，在心底也已产生了反感。试想，这样的谈话能有技巧吗？因此，我们在交往中要学会微笑，用微笑给人以温暖。

好的性格和一定的社交技巧，可以帮助你与周围的人处理好关系，能让你与他们迅速打成一片。处理好自己和周围人的关系，让自己在工作中，在发展事业的道路上获得好的人脉支持，为自己将来的发展打下基础。

心鉴：与周围人处理好关系，是关系到我们工作、生活中很多方面的事情。对一个人来说，要想获得好人缘，让人喜欢你，首先你要为人真诚，不能虚伪；其次你要心地善良，不能心存害人的歪心；再次要懂得换位思考，即懂得为别人考虑；最后当你不小心得罪了别人的时候，要学会及时道歉，不要碍于面子，不好意思那么做。要知道如果你们真的是好朋友，对方就会明白你是一个怎样的人，他会很快原谅你的。不然，关系的僵化，只会伤害到友谊和情感，不利于你正常地开展工作和生活。

第七章　吃一堑长一智

　　生命是短暂的，因此人需要为自己而活着。每个人都可以选择为自己而活着。为自己而活着就是能够做到吃一堑长一智；能够从失败中吸取经验和教训，让自己永远不在同一个地方摔倒第二次。在这个世界上，一个人能取得成功是有原因的，也即成功是有方法可寻的。如果我们也想取得人生的成功，可以去参考和借鉴别人的成功模式，在这个基础上，去扬长避短，那么你就会找到一条适合自己发展的道路。当你陷入困境时，不要选择苦苦硬撑，而要学会及时寻求别人帮助，否则你只能浪费更多的时间，让成功离自己更远。

第七章　吃一堑长一智

一切失败，皆因无知

人做事之所以会失败肯定是有原因的。失败的原因千千万，但归根结底只有一个。那这个原因是什么呢？英国哲学家斯宾塞说："我们的生活由于无知而普遍地缩短。"真是一语中的。那些曾经昙花一现的成功者、各领风骚二三年的风云人物，看到这句话，可以"痛定思痛"了。甚至可以说得更绝对一点：一切失败，皆因"无知"。

这里所说的"无知"，是广义的，包含三层意思：一是确实没有任何知识，也没有求取新知的意识和能力，这是绝对的无知，是白痴；二是有一定甚至是相当的知识，但稍有成绩后便因循守旧，不思进取，没有足够的新知，即没有新资讯、新信息、新思维等，永远都是老一套，这是相对无知，无新知；第三是另一种相对高级的无知，即有知识基础，也在不断求取新知，但努力不够，知识积累和更新的速度不如竞争对手，相对而言，也属"无知"了。但是最惨烈的竞争往往就发生在你的知识、资讯恰恰鞭长莫及的时空内。因此，我们更应该重视的是"相对无知"。

有一位名人曾说："我们今天知道的东西，到明天就会过时。如果我们停止学习，就会停滞不前。"

南朝人江淹，自幼勤奋好学，每天从早到晚都在父亲的书房里读书吟诗，只有饭后才和小伙伴玩一会儿。因此，年长后写出了很精彩的诗文，一

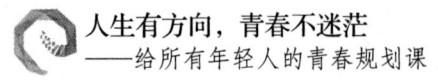

时间闻名遐迩,尤其是《恨赋》、《别赋》二篇,更为历代所传诵。当时文坛尊称为"江郎"。

江淹后因才学超群而进宫做了官。经常一边饮酒一边挥笔疾书,几盅酒完,几十份文件拟就,其豪情才气深得上司赏识和喜爱,曾官至"金紫光禄大夫"。但是,随着官位日高,声名日盛,他自满自足,致使青年时期的文思和才华大大减退了。人们惋惜道:"江郎才尽。"

惋惜之情、警醒之意,也只有借江淹自己《别赋》里的名句才能表达:

"值秋雁兮飞日,当白露兮下时。怨复怨兮远山曲,去复去兮长河湄……令人意夺神骇,心折骨惊……黯然销魂者,惟别而已矣。"一如亨利·福特所言:"任何停止学习的人都已进入老年,无论其在二十岁还是八十岁,坚持学习的人则永葆青春。"

在小学三年级的语文课本里,有一则关于"知了"的寓言,那是写给八九岁孩子看的,只讲了一个简单的、人人都懂的道理。但是不要忘记,越大的错误,违背的越是普通的常识。

传说在古时候,知了是不会飞的。一天,它看见一只大雁在空中自由地飞翔,十分羡慕,于是就请大雁教它学飞,大雁高兴地答应了。

学飞是一件很艰苦的事情,知了怕艰苦,一会儿东张西望,一会儿爬来爬去,学得很不认真。

大雁给它讲怎样飞,它听了几句,就不耐烦地说:"知了!知了!"

大雁让它试着飞一飞,它只飞了几次,就自满地嚷着:"知了!知了!"

秋天到了,大雁要飞到南方去了。知了很想跟着大雁一起展翅高飞,可是,它用力扑腾着翅膀,还是飞不高。

这时候,知了望着大雁在万里长空飞翔,真懊悔自己当初没有努力学习。可是,已经晚了,它只好叹着气唱道:"迟了!迟了!"

现实生活中许多人,正是先唱"知了",又唱"迟了",最后故国不堪回首，落花流水春去了。有一副对联，很好地写出了这种情形：

浮躁一分到处便遭犹悔

因循二字从来误尽英雄

无知使我们胸怀狭窄、目光短浅，使我们安于现状、故步自封，使我们骄傲自满、松懈怠惰，一句话，使我们丧失了最可贵的创新精神和创造力。

我们知道，在20世纪七八十年代靠"胆子"改变命运，八九十年代靠"点子"改写命运，那么从此以后，则必须靠"脑子"来改变人生发展轨迹了。摸着石头过河的时代结束了，我们已经进入"深水区"。

正如日本学者谷口正和所说的："在信息化社会，必须有这样的思想准备：过去的知识未必有用，信息化社会要求有不断汲取新事物的姿态。为此，需要多了解变化，不断选择、取舍，做好知识的新陈代谢。更重要的是，对新收集的信息进行甄别，从中发现新的生活方式，并以坦率的态度进行再编辑。"

"世界上只有一样东西是珍宝，那就是知识；世界上只有一样东西是罪恶，那就是无知。"

不仅失败因为无知，而且从古到今，哪一桩人造灾难又不是"无知"的结果？！对此，古罗马卢克莱修早已对症下药："心灵中的黑暗必须用知识来驱除。"

曾以"乃翁天下马上得之"斥骂读书人的汉高祖刘邦，在稳坐江山后也告诫自己的儿子说："我生逢乱世，时值秦始皇禁书，自己反倒高兴，以为读书没有用处了。待做了皇帝，才知道读书的重要，读书使人明白道理。由此而回想过去所做的事有许多不是。"

雄才大略的汉高祖尚且检讨过去，求取新知，我们自比何如？

李嘉诚先生是香港首富，新近又跻身世界十大富豪之列。在最近一次采访中，有记者问到他如何掌控和管理他那巨大的"王国"，以及如何推动这个"王国"长久前进。李嘉诚先生掷地有声,一句话说完:"依靠知识。"他毫不犹豫地告诉年轻人:知识决定命运。李老先生已是年逾古稀的老人,至今每天晚上睡觉前都要看书。当追问他前一天晚上看的是什么书时,他说:"我昨天晚上看的是关于资讯科技前景研究的书,我相信这个行业发展会非常快,未来两三年里,电影、电视都可以在小小的手提电话中显示出来。我比较喜欢科技、历史和哲学的书籍,最近对网络资讯也比较感兴趣。"那么,日理万机的他又是如何安排自己的时间的呢?李老先生坦言:"每天清早不到6点就起床了,打高尔夫球运动一个半小时;白天工作、开会;晚上睡觉前是铁定的看书时间。"

李嘉诚先生尚且如此好学,我们自忖如何?

经营之神松下幸之助的名字,恐怕很少有人不知道吧,他对求取新知又是个什么态度和看法呢?

他在文章里写道:"人类已经到月球探险多次了,像这种事,在不久以前还只是人类的梦想而已,科学家们的努力,使昔日理想成为事实。人类的智慧,可以说是无穷尽的,也是永远不会衰竭的宝贵资源。

"我们思虑及此,就会领悟到,即使今日看来最完善的事,到了明天,或者又会有新的方法和新道路可行。如果只是以得过且过的态度从事企业经营,实在是令人忧心。

"人类的通病,是当得到好处的时候,或者事业稍有成就了,就容易耽于安逸,安于现状,故步自封,不想再求新向上,降低求知的热情。长此以往,不进反退,就终要被时代潮流所遗弃。

"因此,我们要时常由内心生出警惕,激发求新的欲念,唤起求知进取的精神,这才是面对时代潮流应有的态度。

"人类自有无数的道路可行,亦有无限的目标可供奋斗。最重要的,凡事不畏艰难,抱定事在人为的决心,以热情和诚意努力以赴。说也奇怪,假使你能热心地专注于工作，就会不断有创造性的观念和做法产生。"幸好，"知识是可以取得的东西，今天没有知识，明天会有；因此，任务在于学习，再学习。"

由此看来，松下幸之助先生也是非常赞同用积极学习来获取知识的生活态度的。而另一位名人，莎士比亚也说："知识就是我们借以飞上天堂的羽翼。"

人因为自己的无知而失败的例子不胜枚举，无知给我们带来的痛楚的滋味，相信每一个人都感同身受，深有体会吧。幸好，我们的人生还有弥补知识的机会，因此抱着活到老，学到老的态度生活吧，让自己远离无知，远离失败，从而为人生更好地收获打下坚实的基础。

心鉴：导致一个人做事失败的根源，除了这个人无知之外，还会有很多原因，比如，这个人不会做人，所以更不会做事；比如，他不学无术，还不思进取；比如，他没有进取之心，自甘于平凡和平庸等。当人找到自己失败的根源后，能做到正视自己，对自己当下的工作进行调整，从而让自己有所进步和收获，这样的活法才是明智的，这样的失败也才是有价值的。

导致我们失败的 29 个原因

有这样一句古老的格言："人，了解你自己！"人如果不够了解自己，就会导致做事失败。对人来说，曾经努力奋斗，结果却失败了，这是人生中很大的悲剧。人类除了少数的成功者之外，绝大多数人都遭遇过失败。

有人通过研究总结出导致人失败的主要原因有29项，在这里列出来，供你参考、学习和借鉴。而你在阅读这些原因时，应该逐点对照，看看有多少原因正是你和成功之间的障碍。以后尽量让自己改掉一些不好的习惯和做法，以便你能离成功更近一点，离失败更远一点。

（1）不利的遗传背景。天生智力不足的人，这个导致人失败的原因若想靠个人的力量改变自己的处境，还是真的很不容易改善的。这时人就只有依靠身边"智囊"的帮助了。

（2）缺乏明确的人生目标。凡是没有明确的人生目标的人，便没有成功的希望。在有人曾经分析过的100个人中，有98个人没有这种目标。也许这是他们失败的主要原因。

（3）缺乏志向与抱负，对什么都无所谓。因此，我们对不愿上进和不愿意付出代价的人，绝不抱任何希望。

（4）缺乏足够的教育。克服这个缺点十分容易，经验证明，自学的人往往是学习得最好的人。光有一张大学文凭是不够的，光知道知识是不行的，重要的是知识的运用。人之所以能得到报酬，不是因为他们拥有知识，而是因为他们能将知识运用在工作上。

（5）缺乏自律。纪律来自于自我控制，一个人必须能控制住自己所有的消极情绪与行为。在你要控制别人之前，一定要先控制住自己，你会发现自我控制是最难的。你如果不能征服自己，就会被自己所征服。当你在镜子里看到自己时，他既是你的最好朋友，也是你的最大敌人。

（6）健康不佳。一个人如果没有良好的健康，便不会有良好的成功。健康不佳的许多原因是可以克服和控制的，这些原因主要有下述几种：

①对健康无益的食物吃得太多；

②养成消极的思想、情绪与行为；

③性欲的不正常发泄与没有节制；

④缺乏足够的身体锻炼；

⑤由于呼吸系统的原因，而导致新鲜空气的供应不足。

(7) 童年时代不良的环境影响。"小树苗是弯的，长成大树后也是弯的。"多数人的犯罪倾向，都是在童年时代由于不良环境和不正当的朋友而造成的。

(8) 拖沓。这是最常见的一种失败原因。挥之不去的拖沓总是时刻跟随着每个人的身影，等待着破坏人们成功的机会。我们之中的多数人之所以一生失败，是因为我们总是等待"良好时机"，以便开始做值得做的事。不要等待！时机永不会是正好的，就在你站立的地方，用你手中现有的工具开始干吧，在你行动的过程中会得到更多更好的工具。

(9) 缺乏百折不挠的精神。我们中间的大多数人，做事都是虎头蛇尾，而且我们还有看到失败的迹象便立即退却的倾向。百折不挠的精神是没有任何东西可以取代的，以百折不挠的精神作为座右铭的人，会发现失败因此而离去。失败是抵挡不过百折不挠的精神的。

(10) 消极的个性。消极的个性会使别人敬而远之，从而没有成功的希望。成功产生于力量的应用，而力量则需要大家的努力合作，消极的个性不会获得别人的合作。

(11) 对性冲动缺乏控制。促使人们采取行动的所有冲动中，以性的能力为最强。因为性冲动是情绪中最强烈的一种，所以必须加以控制，用升华和转移的方法导入其他轨道。

(12) 不能控制不良欲望。赌徒的欲望驱使着数以百万计的人们走向失败。1929年华尔街股票市场的大崩溃，许许多多的人因此而破产，从这里我们可以找到失败的最好证据。

(13) 缺乏迅速的决断力。成功的人都能迅速果断地下定决心，并根据情况的变化而改变他的决定。失败的人如有决定的话，一定是很缓慢的，并且常常要改变主意。犹豫不决和拖沓是孪生兄弟，只要看见一个，就会找到另一个。在它们拖住你的后腿让你走上失败的道路之前，就将这对孪生兄弟完全消灭了吧！

（14）对事情怀有过多的恐惧。人要想成功，就必须学会克服恐惧。

（15）选错结婚的对象。这是失败者中最普遍的原因，婚姻关系给人们带来亲密的接触，这种关系除非是和谐的，否则失败就会接踵而来。婚姻失败的特点是充满悲哀和不愉快，会毁掉一个人所有的抱负。

（16）过分小心谨慎。不愿冒风险的人，通常只能在别人选择后获得别人剩下的东西。过分谨慎与不够谨慎同样不可取，要防止这两个极端，要知道人生中到处充满了不可预料的机遇。

（17）选择了错误的事业伙伴。商业失败的原因以这点为多见。一个人在寻找雇主时应当极其小心，雇主应当是智慧和成功的，否则就可能把你带入失败的深渊。因此，一定要选一个值得你追随的上司。

（18）迷信和偏见。迷信是恐惧的一种，它也是无知的象征。成功的人虚怀若谷，并且无所畏惧。

（19）选错职业。一个人对他的职业不喜欢，那是不会成功的。在寻找职业中最重要的一点，便是要选择自己喜欢的职业，能全心全意去努力地投入，以获得成功。

（20）未能专心致志。样样会一点的人，样样都不会！将你的全部努力集中在一个明确的目标上。

（21）花钱没有节制的习惯。挥金如土者不可能成功，因为他无法过节俭的生活。要规定收入的固定比例作为储蓄，以养成有计划的储蓄习惯。一个人在谋职时能否和雇主讨价还价，它的前提往往是你在银行里有没有钱。如果没有钱，就只能被迫接受别人给你的任何工作。

（22）缺乏热情。缺乏热情的人是不会有人信任的，而且热情富有感染力，热情的人往往会受到大家的欢迎。

(23) 偏执。不能容纳许多问题的人，很少能取得成就。

(24) 没有与别人合作的能力。因为不能与别人合作而丧失地位和机遇的人为数太多。见多识广的商界人士或领袖，都不会容忍这种缺点。

(25) 拥有不是靠自己努力而得到的东西。像富人的子女和遗产获得者，手中的财富并不是靠自己的长期努力而得来的，这也会成为成功的致命伤。突然暴富比贫穷还要危险。

(26) 蓄意欺骗。诚实是没有什么东西可以取代的，一个人由于处在某种不利的环境中而一时撒了谎，是可以谅解的。但是一个蓄意欺骗的人则不会有成功的希望，他迟早要自食恶果，其代价从丧失信誉，直至丧失自由。

(27) 自大和虚荣。这些缺点好像是红灯一般，令人望而却步，它们是成功的致命伤。

(28) 以猜测代替思考。大多数人或不注意或太懒而不去仔细思考问题的实质，他们宁愿凭着猜测或草率的判断所产生的看法去采取行动。

(29) 缺乏资本。初次开创事业，但没有足够的后备资本来承受他们所犯错误的影响并帮助他们渡过难关直到建立起信誉为止。这是一个令很多人失败的常见原因。

在这29条失败的原因中，你可以找到人生悲剧的证明。几乎每个失败的人都尝到了人生的悲剧。如果你能请一位了解你的人，和你一起对照这些失败的原因，逐条地加以分析，那将是有益的。如果你独自对照分析，当然也可能是有益的，但对大多数人来说，往往是当局者迷、旁观者清，人们总是无法像别人那样清楚地看透自己。

心鉴：在人的一生中，谁都难免会失败，难免遭遇失败的打击。但是同样是失败了，为什么有的人会奋发向上，有的人自甘沉沦呢？前者找到了

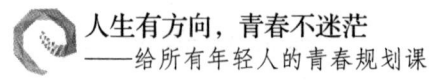

失败的原因，选择积极面对失败，后者是即使知道自己失败的原因了，但是却选择悲观厌世、消极对待。可见，面对失败的原因，积极的心态是最重要的。人只有凭借积极、乐观的心态，才能早日走出失败的阴影，迎来新生活。

失败有时是一种难得的契机

　　世界上的事，不可能都尽如人意，人也不可避免会遭遇失败。对一般人来说，当听到"失败"这两个字眼时，没有不胆战心惊和恐惧的。有些人在遭遇到失败后，开始是惊慌失措，此后便是一蹶不振了，其实这些都是懦夫的表现。要知道生活中，那些真正的强者，他们不会整天忧心忡忡，即使被前进道路上的障碍所阻挡，他们也能心平气和地做自己应该做的事。拿破仑曾说："人生的光荣不在于永不失败，而在于能够屡败屡战。"成功的人不是从未被击倒过，而是在被击倒后还能够积极地往成功之路不断迈进。

　　所以说，人遭遇到失败，也未尝不是件好事。因为人如果经常跌倒，遭遇许多困难，他就可以了解世间的真相，从而为以后的收获打下基础。那么我们应该从失败中吸取哪些教训呢？

　　首先，不要因为失败而沮丧。

　　发明家爱迪生说："我才不会沮丧，因为每一次错误的尝试都会把我往前更推进一步。"扭转失败的第一步，就在于抛却一切负面、消极的想法，别一味埋怨自己没用、无可救药了等。既然失败了，就要积极面对，一味地让自己沉浸在懊恼中于事无补，并且失败不等于未来，过去怎样都不重要

第七章 吃一堑长一智

了，重要的是你今后怎么想、怎么做，只有这样你才能让自己早日从失败的阴影中走出来。

桑德斯上校是"肯德基"连锁店的创办人，你可知道他是如何建立起这么成功的事业吗？

桑德斯上校于65岁高龄时才开始从事这项事业。那么又是什么原因使他终于开始行动的呢？因为他身无分文且孑然一身，当他拿到生平第一张救济金支票时，金额只有105美元，内心实在是极度沮丧。他不怪这个社会，也未写信去骂国会，而是心平气和地自问："到底我对人们能做出何种贡献呢？我有什么可以回馈的呢？"随之，他便思量起自己的所有，试图找出可为之处。

头一个浮上他心头的答案是："很好，我拥有一份人人都曾喜欢的炸鸡秘方，不知道餐馆要不要？我这么做是否划算？"随即他又想道："我真是笨得可以，卖掉这份秘方所赚的钱还不够我付房租呢！如果餐馆生意因此提升的话，那又该如何呢？如果上门的顾客增加，且指名要用炸鸡，或许餐馆会让我从其中提成也说不定。"

好点子固然人人都会有，但桑德斯上校就跟大多数人不一样，他不但会想，而且还知道怎样付诸行动。随之，他便挨家挨户地敲门，把想法告诉每家餐馆："我有一份上好的炸鸡秘方，如果你能采用，相信生意一定能够提升，而我希望能从增加的营业额里提成。"

很多人都当面嘲笑他："得了吧，老家伙，若是有这么好的秘方，你干吗还穿着这么可笑的白色服装？"这些话是否让桑德斯上校打退堂鼓呢？丝毫没有，因为他还拥有天字第一号的成功秘诀，我们称其为"能力法则"，意思是指"不懈地拿出行动"：每当你做什么事时，必须从其中好好学习，找出下次能做得更好的方法。桑德斯上校确实奉行了这条法则，从不为前一家餐馆的拒绝而懊恼，反倒用心修改说辞，以更有效的方法去说服下

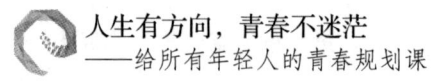
一家餐馆。

整整经历了两年的时间,桑德斯上校驾着自己那辆又旧又破的老爷车,足迹遍及美国每一个角落。困了就和衣睡在后座,醒来逢人便诉说他那些点子。经历了 1009 次的拒绝之后,他才听到第一声"同意"。而在这两年时间里,他果腹的餐点一般都是他为人们示范时所炸的鸡肉,常常都是匆匆地就解决了一顿。

桑德斯上校的成功,就在于他没有因为别人一次次的拒绝而气馁,没有因为一次次的失败而感到沮丧。试想一下,有多少人能做到被拒绝了这么多次还可以坚持下去呢?这也正是桑德斯上校的难能可贵之处吧。

其次,将失败的痛苦,转化成奋起的动力。

三十年前,杰米是一个破产的电动机厂经理,在法院通知他上法庭听候破产判决的那天,太太领着儿子与他离婚了……

但是,杰米并没有被失败击倒。他破产之后失去了房子、汽车、妻子、孩子,没有了维持他正常生活的一切。为此,他非常痛苦。因为昨天银行还向他微笑,今天就从他手上冷冰冰地拿走了房子;昨天还向自己微笑的员工,今天就都拿了破产保证金走了;昨天还是自己的汽车,今天就上了拍卖会;昨天还和自己一块同床共枕的女人,今天就带着儿子睡进了别人的怀里……

杰米需要重新找一个能睡觉的地方。他起初不肯低就,最后还是睡在地铁站入口旁,从此在悉尼市又多了一位只能坐着睡在地铁入口处的男人。

面对这些现实,杰米选择了一条路,捡破烂生存!每天背一大袋可乐空瓶去卖,并且每天都要总结他一天的成功之处,分析这天的失败之处。久而久之就养成了一个很好的工作模式,而且一直保持到现在!

今天的杰米已成为澳大利亚的工业巨子、某家集团公司的一号人物。令人惊奇的是,他起步所用的资金就是由他捡破烂换回的,而且是从 2700

第七章　吃一堑长一智

澳元发展起来的，今天他是约有 58 亿澳元个人存款的富翁。

杰米说："回顾我的成功，若没有那一次破产的打击，我绝不会意识到一些决定我成功的因素，例如怎样面对打击和痛苦，怎样用痛苦与失败激励我明确奋斗的目标，怎样看待每一分钟，怎样有效地利用好每一分钱，我需要弥补什么等！"

杰米的名言是："痛苦与失败是我的财富，尽管我不希望经常拥有这笔财富，但我要永远利用这笔曾属于我的财富去创造更多的财富！"

杰米的人生经历告诉我们，失败了也没有什么大不了的，只要你能将失败的痛苦转换成奋起的动力，能将不幸牢记于心中，随时随地提示自己努力干好工作，你就可以走出失败，实现你的理想和目标。

再次，把失败当做成功的转机。

有一年，美国家具商尼科尔斯的家突然起火，大火把家里的一切烧得精光，也把他准备出售的家具烧光。大火什么也没给他留下，只留下一片残存的焦松木。看着一片狼藉，他把双手死死地插在头发里，心情坏极了。突然，这烧焦松木独特的形状和漂亮的木纹把他的目光吸引住了，他竟然从这些焦松木上找到了转机。

正是这场意外的大火，烧出了尼科尔斯的灵感与希望。他小心翼翼地用碎玻璃片削去沉灰，再用砂纸打磨光滑，然后再涂上一层油漆，一种温暖的光泽和红松般清晰的纹路呈现眼前。尼科尔斯惊喜地狂叫起来，马上制作出仿纹家具，就这样，仿纹家具从此诞生了！大家都来争相购买他制作的家具，生意十分兴隆。有人评论说："尼科尔斯独具特色的家具像一只在火灰里死而复生的不死鸟一样蓬勃兴起。"一场大火给他带来灾难，同时也带来了新产品和金钱。

尼科尔斯的人生故事告诉我们，暂时的失败并不可怕，只要你能不绝望，对自己怀有信心，你就完全可以把失败当做走向成功的转机。

一位太太来找卡耐基，说她正为孩子的功课烦恼。卡耐基说："孩子的功课应该由他自己烦恼才对呀，值得你这么忧虑吗？"这位太太说："卡耐基先生，您不知道，我的孩子考试考第48名，可是他们班上只有48个学生。"卡耐基开玩笑地说："如果我是你，我一定会很高兴的！""为什么呢？""因为你想想看，从今天开始，你的孩子不会再退步了，他绝对不会落到第49名呀！"卡耐基说。这位夫人被卡耐基的幽默逗笑了。卡耐基继续说："这就好像爬山一样，你的孩子现在是山谷底部的人，唯一的路就是往上走，只要你停止烦恼，鼓励他，陪他一起走，他一定会走上去。"一学期以后，这位夫人给卡耐基打来电话，向他道谢——她的孩子果然成绩不断往上升。

通过这个小故事，我们可以看到：失败并不可怕，失败也不会长久存在的。生命就是一个循环的过程，好事变坏事、坏事变好事的情况是经常发生的。有时候，失败甚至就是一件好事，就是一种难得的契机，因为它将你逼到了不得不选择去走另一条路的境地，而当你一旦踏上了另一条新路，成功可能就在向你招手了。

不论到什么时候，不论发生了什么事情，你都要记住，失败与幸运往往是交替出现的。当幸运来临时，固然要把握它，利用它，而当事情开始向坏的方面转化时，就要当机立断地采取行动，将失败的影响降低到最小，并努力摆脱它所带来的阴影，让生命开始新的征程。

思考，勇气，再加上努力的行动，失败就会对你无可奈何，而幸运就会经常光顾你。

如果你能持续地努力，将会给自己带来丰硕的果实，幸运的真正来源就在这里。

心鉴：失败并不可怕，可怕的是人有一颗自甘失败的心。在这个世界上，不存在没有失败过的人，只存在不懂得从失败中吸取经验和教训的懒人、笨人。那些能积极从失败中吸取营养的人，最后都取得了成功，只有那些不懂得以失败为师的懒人、笨人，还在那里遭受着反复失败的坎坷命运的折磨。

让自己做的每一件事情都更接近成功

在这个世界上，成功都是有方法的。我们的为人处世之道就是让自己处在一个安全、有利的环境里，让自己做的每一件事情都更接近成功，都能给自己带来收获和益处。

成功的关键因素在于自我，外在条件只起到一个辅助作用。对于一个有着强烈成功愿望的人而言，内在的自我规范能力是至关重要的。这些规范，经过成功者无数次的演绎和锤炼，得出最佳的成功法则。这些法则，在无数成功者的脑海中被印证为成功者必备的成功真理，并在实践中被不断运用。对每一个人来说成功没有模式但有法则，只要人在工作、生活中能了解这些法则，就能让自己离成功更近。

有一所大学，在分配毕业生的时候，有几个下乡名额。很多人都怕这个名额落在自己头上。可是有位同学却毅然报名，主动要求到偏僻的乡下做出一番事业，并说好10年后再与留在都市的同学一比高下。

五年后，他干得不错，由于乡下人才缺乏，他又有组织和领导才能，加上自己埋头工作，已升为校长，成了远近闻名的人物。相比之下，那些留在大城市的同学，倒有点相形见绌了。

是的，对很多人而言，城市中已有人们所需要的比较安定的生活环境，还有许多事业，只要努力，就会有很多机会等着你。可遗憾的是，留在城市里的同学缺乏的恰恰就是对成功的自信。那个勇于去乡下的同学就是掌握了成功的法则，从而自信能创出事业。

上述这个实例说明：成功是没有模式的，只要你肯努力，条件就变得很次要。

生活中，这种成功的例子确实很多。法国生理学家、外科医生亚里西斯·卡雷尔，第一个提出要研究血管的缝补，这在当时被视为"旷古未闻的痴想"，"冒天下之大不韪"。但是卡雷尔矢志研究，埋头实践，终于获得成功，创造前所未有的业绩，获得诺贝尔奖。他的成功，同样是悟懂了成功法则：自信+行动=成功。一个不懂得法则的人是不会冒这样的风险的。

挪威探险家史蒂芬森，曾带领一支探险小分队在漫无边际的北冰洋上艰难行进。他克服了千难万险，终于到达北极，成为世界上第一个敢在没有粮食、燃料的困境中到达北极的出色探险家。

在科学探险中，要想有突出的成就，就必须学会法则中的"创新"和"冒险"，填补空白，想前人所未想，做前人所不敢做的事。

每个事业成功的人，都有不同的模式，所以说成功没有模式，但它的法则是亘古不变的，只要记住法则，就能创造出无数的经验和模式。相对而言，失败正是你通向成功的阶梯。

在我们工作、生活中，如果你想让自己做事更容易接近成功，还要学会给自己及时地设定一个合理的目标。如果你费了九牛二虎之力发现自己没有明确的奋斗目标，你是哪里都到不了的。没有明确的目标，更高处对你来说只是空中楼阁，可望而不可。

对于目标，美国现代成功学代表人物安东尼·罗宾说："知道目标，找出好的方法，起身去做，观察每个步骤的结果，不断修正调整，以达目标为止。"俄国著名芭蕾舞家巴甫洛娃也说:"不休止地朝着一个目标前进,那就是成功的秘诀。"所以说,制定一个合理的目标对我们做事取得成功是很重要的。在这里,我们把制定目标细化为十个步骤和方法:

(1) 目标必须是明确的、可达到的、可衡量的。只有明确而具体的目标才可衡量,而只有可衡量的目标才可能达到。否则,只能是笼统、空泛的大话而已。

(2) 分析你的起始点。没有目标,就没有前进的方向。没有起始点,就无从规划自己的航程,即使有了地图和指南针,仍然会无可奈何地迷失方向,只有当你明确知道自己现在所处的位置时,地图和指南针才能发挥作用。分析起始点,也就是要分析现在所处的境况和条件。

(3) 把目标写下来并问自己为什么要实现这个目标。当你在书写时,你的思维活动在记忆中产生一种不可磨灭的印象,它告诉你的潜意识:这是真的。不相信记忆,只相信笔记。

实现目标的理由或好处越多越好。这样做,有助于发现、认识目标的必要性和重要性,从而增加实现目标的紧迫感,获得深刻的驱动力。

(4) 制定实现目标的期限。没有期限,就等于没有目标。期限,衡量目标的进展,是激发目标不断前进的压力。

(5) 确认实现目标的障碍,并依"难度"设定优先顺序。确认障碍,是为了有备无患,从容不迫。同时要记住:障碍是来帮助我们学习成长的,而不是来阻碍我们的。每一次成功都在障碍之中,也就是说,达到目标的过程,其实就是克服障碍的过程。

(6) 确认对实现目标有帮助的人和团体。充分调动一切可以调动的力量和因素,来帮助自己实现目标。

(7) 找出解决障碍的方法。关键性障碍应找出不低于五个解决方案,其他每个障碍都要找出解决方法。

(8) 制订实现目标的计划。一旦确定了目标和实现目标的方法，就要制订每年、每月、每周甚至每天的计划。计划，就是目标分解一览表。

(9) 按期评估与考核。没有评估和考核，一切目标都会"夭折"，设定目标也就没什么实际意义了。

(10) 根据你的目标马上行动，现在就做。没有行动，再好的计划也只是白日梦。不要拖延，不要"以后"，立即就做，现在就做。

特别提示：

(1) 目标要有核心。每一级（中期、近期、年、月、周）目标，都可能会有许多个，七八个、十几个甚至二十个。先把它们写下来，然后本着"突出自己最重视的事"的精神，依据既急迫又重要的原则，从所有目标中选出四个最重要、最想要达成的目标，再选出其中一个最重要的为"核心目标"。所谓核心目标，就是在今年（或本月、本周）最想达成的目标。如果今年（本月、本周）只能完成一个目标，那么就选定那一个。选出核心目标之后，再把其他的三个依照优先顺序排列。只有这样，才能保证自己实现的目标，始终是自己最重视的。特别是核心目标，它代表着我们成功的发展方向（主线）。

(2) 目标要每天衡量进度。在制订实施目标计划后，要每天对制定的目标做一个衡量，看进度如何，有没有向前切实地迈出了第一步。只有这样，每天衡量进度才能激励自己不放松、不懈怠，始终如一地朝着目标努力冲刺。如果你只是每天默默地向前赶，不给自己一点总结、观摩的时间，那么慢慢地你就会偏离轨道，在每天的忙碌中迷失自己，丧失自己的目标，所以目标要每天衡量进度。这不仅是在监督自己更是在激励自己。它能够给予我们方向，它能够给予我们力量。

(3) 目标需要不断调整甚至修改。如果所设立的目标已经不符合现实情况了，便要迅速作出调整修改。情况是在不断地变化，当时设定的目标，是在当时的环境条件下形成的。如果环境条件都变了，我们还顽固不化，抱残守缺，就很难发挥潜能，灵活地利用环境走向成功。正常情况下，至少一年一次检视自己的目标体系。

目标设定好之后，你就需要用自己的执著精神去实现一个个目标了。在这个过程中，你不能气馁、妥协和轻易放弃，只有如此你的目标才能逐个实现。要知道成功的人都有一个共同的特征，就是目标明确，并且具有不屈不挠、坚持到底、不达目的绝不罢休的精神。

除了制定目标之外，对事情抱着一种专注的态度，也可以让我们更接近成功。所有你渴望得到的东西，只要它合乎理性而且是正当的，你的愿望又很强烈，这时，专注和专心将会帮助你得到它。要知道，人们创造出来的所有东西，刚开始的时候，都是头脑中先想象出来，再去专注地工作和不懈地努力，最后才将想象变成了现实。在多数情况下，专注就是一种忘我的心理状态，创业道路上是这样，生活工作中也是如此。一个能达到专注境界的人，对工作他会注意力非常集中，非常投入，很难受到外界条件的影响。这样的人，也会因为自身的努力和专注做事更容易取得成功。

当今世界，唯一不变的事情就是变化，因此我们说，法则也不是一成不变的。时代的进步、社会环境的改变、政治制度的变化，都可能使法则随之而变。如果你想让自己做事离成功更近一点，离失败更远一点，就要培养和发展自己的求变精神。从某种意义上说，求变精神也是一种成功法则。今天社会唯一不变的东西就是变化，如果你做事故步自封，不求改变，你就会跟不上时代发展的步伐，就会在工作中失败。

美国有一些经营状况很优秀的公司，他们的产品在国际市场上占有的份额一般在50%～90%。霍尔曼·西蒙研究了500家这样的公司，得出了9个共同特征，其中第五个特征是"极富革新精神"。世界顶级富豪保罗·盖蒂的经营之道有八条原则，而其中第四条是："必须不断地寻找新的方法，以改良产品及服务,求得增加生产、销售和降低成本。"第六条就是:"一定要不断寻找新的或未开发的市场。"可见,求变在保罗·盖蒂的经营之道中具有何等重要的地位。而世界著名的西门子公司平均每100名员工就约有10项专利;在建筑领域处于世界领先地位的费希公司平均每100名员工就拥有234项专利。可以看出,这些公司的求变意识是多么强烈。

因此,如果你想让自己有所建树,在事业上有所成绩,就应该具备求变的精神。水因为流动,才不会变质,不会产生异味,人的思想也一样,我们只有不断地求新求异,才能不断想出好的点子和创意,让自己在竞争中获得优势地位。

美国克林登玻璃公司总经理杰尼尔,就是一位重视对自己进行求变意识训练的典型。他每天都要坚持听一个小时的研究创造的报告,否则便会抑郁不乐。正是由于他本人的这种强烈的求变意识,该公司的新产品层出不穷,从而使他们的玻璃公司获得无限的发展空间。他曾自豪地说:"克林登不断地创造范围广大的新产品,但不论举出其中任何一种新产品,我们都不能明确地称其是本公司的代表产品,因为新产品仍在研制中。"

如果你想让自己做事最安全,更容易接近成功,这其中的方法是有很多的。你只要把以上这几点注意了、掌握了,相信就能对你的工作产生积极影响。

心鉴: 记得一位名人曾说过这样一句话:成功是有方法的。在现实工作生活中,我们要做的事情是:只为成功找方法,不为失败找借口。具体来说:一是多读成功人士传记,看看他们是怎么走向成功的;二是多和身边那些成功人士为伍,和他们交朋友,亲身感受他们的成功经验和过人之处;三是找到自己认为可行的办法,积极行动。

及时向身边人寻求帮助

无论在工作中，还是在生活上，人总会遇到困难，如果你确定自己无论怎么努力也无法战胜它，这时你不妨把手里的工作或事情暂时放一放，想办法寻求外力的帮助。

当一个人陷入困境时，他周围的每一个人都可以给他提供帮助。有时人对困难之所以纠结、郁闷，主要是因为自身正陷入困境，迷失了自我，找不到解决问题的办法和途径了。但是我们周围的人，由于身处事外，很容易看到导致我们苦恼的问题的原因。如果你这时能及时向身边人寻求帮助，说不定就能迎来"船到桥头自然直，柳暗花明又一村"的转机呢。

有一位青年人，当时他的学习成绩很不错，但由于考试时没有发挥好，结果高考落榜了。后来，他被安排到村里的一家冷冻厂当会计，但由于没有经验，还不到一个月就被厂里辞退了，于是他只好外出打工。他先后做过工人、超市收银员、快递员，但都半途而废。

工作上的不顺，让这个年轻人很是苦恼、郁闷。一次在他怀着沮丧的心情回到家中，晚上吃完饭后，他情绪无比低落地坐在母亲身边，向她诉说了自己心中一直以来的压抑和苦闷。

在他絮絮叨叨地讲完心中不快之后，母亲望着儿子痛苦、迷茫的模样，没有埋怨他，而是耐心地安慰他道："一块地，不适合种麦子，可以试试种豆子；如果豆子也长不好的话，可以种瓜果；如果瓜果也不行的话，撒上一些花草种子一定能够开花。一块地总会有一颗种子适合它，也终会有属于它

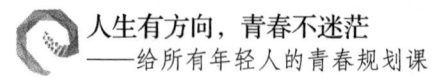

的一片收成。"

年轻人听了母亲的这番话,一下子愣住了,随即他便明白了母亲说这番话的意思了。于是这个年轻人在到了 30 岁的时候,终于在家乡的一家托儿所当起了辅导员。后来,他自己开办了一家学前儿童教育学校。再后来,他在厦门成立了一所规模更大、管理更规范的学校,他自己就是这所学校的董事长。

在多年以后,这个年轻人回想起母亲曾经对自己说的那些话时,心里还是充满了感动,他感慨地说,正是母亲的那番话让他对自己重新充满信心和希望,然后一路走到了今天,终于在事业上有所收获。

是啊,每一片土地都有适合种植的种子,同样,每一颗种子都有适合它生长的土地。每个人在成才之前,都是一颗种子,在他没有找到适合自己生长的"土壤"前,他肯定会遇到不少的困难和风雨,这时人除了继续寻找适合自己的那片"土壤"外,还要学会及时地向他人寻求帮助和鼓舞,这样人才能更容易早一日地战胜困难,将自己想做的事变成现实。

小张在大学读书时成绩优异,办事能力也不错。但没想到,毕业的时候,踌躇满志的他却被分配到了一个小工厂里当普通员工。

在那个小工厂里,他每天朝九晚五上下班,工作没有压力,同时也缺乏激情,他非常羡慕那些在外企和大型国企上班的同学,憧憬着有一天自己也能加入他们的行列……于是,他整天琢磨哪儿更好、更适合自己,并开始忙碌起调换工作的事情,对自己的工作更不当回事儿了。

时光荏苒,转眼两年过去了。他自己的本职工作一塌糊涂,调动工作的事儿也没有丝毫进展。这时的他彻底迷惘了,不知道自己的计划到底出了什么问题。

他内心很是苦闷,在彷徨之余他把自己的苦恼和困惑向一位关系不错的朋友说了。当时厂里正好在开运动会,所有的人都像赶集一样涌向了运动

第七章 吃一堑长一智

场。可这位朋友也没说什么实质性的安慰的话,直接拉他去运动场散心。这时小小的运动场四周挤满了人,形成一道密不透风的环形人墙。

他们去晚了,被厚实的人墙阻隔在外面。小张的这位朋友,环顾四周想找个缝隙钻进去。这时他却看见一个矮小的男孩正一趟一趟忙着搬砖头:他不断从远处搬来砖头,一块又一块地垒砌着砖台,在垒到半米高时,只见小男孩纵身往上一跳,然后站在砖台上开心地笑了!

小张的朋友好像有所感悟,忙拉着小张过来看那位正站在砖台上开心不已地看比赛的小男孩。霎时,小张的心被震撼了。想要越过密密的人墙看到精彩的比赛,就和想要越过重重阻挡找到满意的工作一样,先在自己脚下多垫些砖头,多么简单的事情啊!这时有所领悟的小张很感激地看着自己的朋友,也会心地笑了。

从此,小张换了一个全新的角度来审视自己:自己有很多优势,比如组织能力很强,本职工作也和所学专业对口……于是,他不再东奔西走寻找调换工作的机会,而是满怀激情地投入到当下的日常工作中。在一步一个脚印的努力中,工作很快就有了成绩。

从这个小故事中我们可以看出,正是朋友善意的启发和帮助,才让小张从苦闷的阴霾里解脱出来,从此抱着踏实的心态,认真努力地工作,终于使工作有所起色。

和小张的人生故事有点相同的是,还有一位小女孩也曾因为工作上的烦恼而去寻求别人的帮助,结果她也终于顺利地解开了心结。下面就让我们来看看她的故事吧。

有一个小女孩本来在自己的老家沈阳过得挺好的,但是就是因为想到大城市里闯一闯的愿望,让她答应了一个老乡的邀请,千里迢迢地来到广州这座南方大城市,开始了与自己以前不一样的生活。由于老乡的公司刚刚成立,很多事情都很乱,制度也很不规范,她既要当老板的保姆,又要当公司总管。一周上班七天，一天工作十几个小时，虽然包吃包住，但工资才2000多元……于是这个女孩觉得自己的付出和回报不成正比，觉得自己被老乡完完全全地利用着、剥削着，因此，她心里很不平衡，感到很苦闷。当女孩感到心里愤愤不平实在难以忍受的时候，她给一位职业策划师打电话，寻求帮助。而这位职业策划师也是位热心人，他开始向女孩讲起了自己大学刚毕业时所经历的不公与困难……最后，职业策划师说道："我第一个月的工资只有800元！不过，我没有抱怨，也没有觉得自己吃亏了，而是继续坚持着。于是，第二个月工资涨到了1200元，第三个月工资涨到了1500元。我至今仍然感激那个公司给我的锻炼，是他们给了我成长的平台；感激进入职场第一次被利用，因为我体验到了自己的价值；感激这人生中的第一份工作，因为它是我职业旅程的开始……"

女孩一直安静地听着职业策划师讲述着自己的故事，不知不觉中她感觉自己领悟了很多东西。到了他们通话快要结束的时候，女孩的心态逐渐转变过来了，她觉得自己没必要那样担心，她为自己能有这样的锻炼机会而感到骄傲了。

我们可以预见，女孩在心态转变以后，她肯定会对工作投入更多的精力，从而更快更好地成长起来的。如此看来，及时地寻求外力的帮助，对一个人的职业发展是很重要的。

台湾著名电视制作人陈光陆，第一次到电视台工作时，台里只是让他担任一个节目助理。在当时那个环境里，助理就相当于是小伙计。所有的杂务必须一手包办，几乎是没日没夜地工作，而薪水却很低。

不久，陈光陆对干这些杂活就失去了兴趣，觉得前途黯淡无光，于是他把自己心里的痛苦以及打算跳槽的念头向一位朋友诉说了，希望能听听朋友的意见和建议。陈光陆的这位朋友是个很不错的人，他思考了一下后对陈光陆说："外面的工作也不好找，还不如先在这一行认真干下去，边干边等，

第七章 吃一堑长一智

或许能等到机会。"朋友的一番话引起陈光陆的深思，他明白了眼下所做的每一件杂活都是在为未来的发展做积累，都是在为获得成功做铺垫。于是，他在节目助理的职位上继续干了下去，慢慢地对电视制作产生了兴趣，并决心将来也要走制片的道路。就这样，尽管身为助理，但他已经在心里埋下了以影视为业的目标。

跟随制片人苦学了两年，机会终于让陈光陆等到了：他策划的著名歌星邓丽君的专题节目《君在前哨》，在当时的台湾获得了极大的轰动，被提名角逐金钟奖，从而让电视台领导另眼相看，不久即委以重任。

可见，在人生的道路上，没有人会永远一帆风顺，总会在前进的道路上遇到这样或那样的困难。当你百思不得其解时，你不妨放下架子，把面子暂时放到一边，去主动寻求别人的帮助。要知道一个人的力量是很渺小的，人的伟大有时也在于他能站在巨人的肩膀上，所以他会比一般人看得更远，得到的收获也更大。

心鉴：在这个世界上，有些人在遇到困难时，总是顾虑重重，心中考虑的事情太多，结果碍于面子等问题，他们不愿意向周围人寻求帮助。其实这些人的做法是不可取的，因为这不仅让问题白白拖延下去，浪费了大量时间，问题最终也不会得到解决。事实上，也许你一个小小的请求，就会有同事或朋友过来帮你一个大忙呢。再说，请别人帮个忙，会给别人一种受重视的感觉，还可以拉近你们之间的感情，何乐而不为呢？

第八章　要爱惜自己的身体

　　身体是我们革命的本钱，如果我们把这个本钱弄丢了，终将一无所有。在生命的不同阶段，我们要注意的身体健康问题也是不一样的，我们珍惜身体的方式也是不同的。具体来说，尽管老人和孩子、青年男女、更年期的男人和女人、青春期的男孩和女孩他们要注意的身体健康问题不一样，但是他们都需要珍惜自己的身体，都需要关注自己的身体健康。健康是福，有了健康我们才能拥有一切，失去了健康我们就将坠入万劫不复的深渊。

第八章 要爱惜自己的身体

千万不要忽视自己的身体健康

对很多上班族来说,他们每天关注的东西有很多:自己这个月能发多少工资,能拿多少奖金;最近房价是涨了还是跌了;现在市场上又推出了哪几款新车;自己银行卡上还有多少存款等。可以说,今天职场人士关注更多的都是些实际而又物质的东西,他们心甘情愿让自己变成房奴、车奴、钱奴,并在这些事情上投入自己大量的时间和精力,以至于就是没时间去关注一下自己的身体,关注自己的身体是否还健康。

人常说,健康是福。试想一下,如果一个人的身体出了问题,失去了健康,那么房子、车子对他来说还有什么意义呢?挣了很多钱却没有机会去享受,这样的人生岂不是更加悲惨、可怜吗?其实人生就是一个短暂的过程,我们不管是为了理想和目标而活着,还是为了家人的幸福而活着,在紧张忙碌的生活中,都不应该忽视自己的身体健康。健康是你纵使有金山银山也买不来的东西。所以当你忙于挣钱、为如何投资而忙碌的时候,也不要忘记爱惜你的身体,因为只有身体健康了,美好的未来才属于你。

如果我们想让自己的身体少出问题,我们就得遵循人体器官工作规律,不要试图改变它、打破它。具体讲人体器官工作规律是这样的:

(1)晚上9~11点为免疫系统(淋巴)排毒时间,这时最好保持安静或听音乐。

(2) 晚间 11 点～凌晨 1 点，肝的排毒时间，需在熟睡中进行。

(3) 凌晨 1～3 点，胆的排毒时间，也需要在熟睡中进行。

(4) 凌晨 3～5 点，肺的排毒时间，如果是咳嗽的人在这段时间内会咳得最剧烈，因排毒动作已走到肺；不该用止咳药，以免抑制废积物的排除。

(5) 凌晨 5～7 点，大肠的排毒时间，应上厕所排便。

(6) 凌晨 7～9 点，小肠大量吸收营养的时间，应吃早餐。疗病者最好早吃，在 6 点半前；养生者在 7 点半前；不吃早餐者应改变习惯，即使拖到 9、10 点吃都比不吃好。

(7) 半夜至凌晨 4 点为脊椎造血时段，必须熟睡，不宜熬夜。

除了遵循人体器官工作规律外，我们还应该懂得身体上的求救信号。俗话说，只有知此知彼，才能百战不殆。对我们身体来说，道理也一样。下面就让我们来看看，人的身体都会出现哪些求救信号吧。

1. 心脏有问题

(1) 呼吸会不顺畅，胸口会闷也会刺痛，刺痛的时间是短暂的，一发作几秒钟就过去了，最多一分钟。

(2) 严重了会从前胸痛到后背肩胛的地方，十天半个月会来一次，三五个月发作一次，时间越短越严重。

(3) 心脏不好会牵扯到左边手臂酸、麻、痛，因为我们心脏的神经与左手臂的神经是同一条，所以左边的心脏有问题会牵扯到左手臂。

(4) 心脏也会牵扯到颈部僵硬、转动不灵活，比如早上起床感到脖子被扭到了等。因为心脏有问题，颈动脉就会变得狭窄，使血液供应不顺畅，旁边的筋因为失血自然变得僵硬。

(5) 心脏有问题会造成脾胃受伤，脾胃一受伤，消化吸收的能力就降低，吃进来的食物不能消化，最后会胃胀，那些东西会反冲回头，叫做"胃酸"。

第八章　要爱惜自己的身体

（6）心脏有问题，养分不能输送，总觉得体力不够，想吃多点来补充。过多的食物会带来大量的糖分，排除糖分都靠肝脏、肾脏，过多的糖分会导致肝、肾衰竭，很容易诱发糖尿病。

（7）心脏有问题，人的神经就会衰退，一点儿事情就会紧张，就会受到惊吓，晚上睡觉不易入睡，睡着以后就做噩梦，噩梦会延续，所谓的"噩梦连连"。

2. 肝脏有问题

（1）肝脏像拳头一样，有正面，有背面。正面如果硬化、肿大，会挤到我们的肋间神经，肋间神经就会胀痛；如果在背后，会造成右腰酸痛。

（2）肝脏不好，晚上睡眠质量就会不好，翻来覆去就是睡不着觉；起床后口干、口苦、口臭，刷牙时牙龈会流血；平时对食物没有兴趣，不吃不饿，吃一点点就有饱感；走两步路小腿就会很酸，会感觉全身越来越疲劳，手脚也是越来越没有力气。

（3）肝脏不好的人，脚会经常扭到，扭到了又好不了；不小心割伤了，伤口也不容易愈合。

（4）喜欢喝酒的人，忽然酒量减少了；或是有久治不愈的皮肤病，周而复始好不了，都要注意肝。

3. 肾脏出现问题

（1）人会感到腰酸背痛，颈部会时常觉得僵硬；后脑勺会感到昏胀不舒服，两眼会觉得干涩；大腿两侧会酸、软、无力，经常发痒。

（2）人会经常感到窒息，必须用"干咳"来减缓它。

（3）肾不好，会造成排尿状况不好，会尿频，久了以后就会变成尿失禁。

（4）人活着就会讲话，讲话耗元气，本身肾脏不好气太弱，再把气耗掉就会不想说话，因工作不能不说话时，声音就会出不来，就会沙哑。

（5）男性朋友的前列腺，妇女的卵巢、子宫都间接、直接跟肾脏有关。

因此，肾脏有了问题，到了一定年龄，男性前列腺就会肥大；女性因肾脏不好，卵巢、子宫就会虚弱、寒冷，虚寒就没有力量将每个月应该排出的经血排掉，排不干净就要滞留在子宫里，久了难免造成血块堆积，形成病变。

（6）肾脏不好，人手脚就会开始冰凉，尤其到了冬天特别冰冷。久了，坐也不是，站也不是，走也不是，肯定会造成神经受伤。晚上睡觉不容易入睡，好不容易睡着了，一点点声音就会被吵醒，纵使睡着了，整夜都在做梦，睡跟没睡一样，天天都很累。

4. 患上糖尿病的症状

（1）视力异常：因糖尿病会引起眼睛末梢微血管阻碍，造成眼睛容易疲劳、视力模糊、细小字看不清，严重者会导致失明。

（2）易疲劳：因为体内血糖无法进入细胞，导致全身无力。

（3）皮肤抵抗力差：体质通常呈现酸化，末梢血管易堵塞，伤口不易愈合、易化脓、也易引起牙周病等。

（4）神经障碍：肌肉和神经组织得不到滋养，因此导致循环不良，指尖会出现麻痛现象，重者甚至失去感觉。

（5）伤口不易愈合：糖尿病末期，因末梢血管坏死，伤口发黑、溃烂不易愈合，有时甚至需截肢以延续生命。

（6）糖尿病发展到一定阶段会明显出现三多一少的症状：吃多、喝多、尿多，体重减少。

糖尿病不只是胰岛素分泌不足造成的，而是肾脏、肝脏、心脏都不是很健康的情况下所形成的，因此不易医治，而且容易造成其他病变如：肾脏衰竭、中风、失明、截肢等。

5. 与头痛有关的病症

头痛不是病，痛起来要人命。头痛和内脏有一定关系，依位置来说：前额反射心脏，两侧太阳穴附近反射肠胃，头顶心和后脑勺则是肾功能异常，

第八章 要爱惜自己的身体

耳后两侧反射肝脏，头昏为肾气不足，但是头会晕眩则要多注意肝脏，尤其是男性。

6. 便秘

现代人生活忙碌，常食用低纤维质的速食，不常喝水，不常运动，往往会产生便秘现象，无法正常排便；另外情绪不稳，服用药物或使用营养补品不当，也会造成便秘。

长期便秘的人，因为粪便堆积在大肠的时间太长，常有脾气不好或内分泌失调等后遗症。

其实，造成便秘的真正原因，跟心火有很大关系。心火往下传动至肠胃，会造成肠子蠕动过慢，水分被吸收，粪便来不及排出，形成便秘；而若蠕动太快，水分来不及被吸收，则会变成腹泻；甚至心火往下到直肠肛门而形成痔疮；便秘时间太长，则有可能是肠燥症、结肠癌、糖尿病的警讯。

对以上这些身体的求救信号，我们要能加以把握，以给自己的身体健康树起一道保护屏障。要知道，身体永远都是自己的，如果我们不爱惜它，那么还能指望谁来爱惜它呢？俗话说，病来如山倒，病去如抽丝。可见人的身体是多么的脆弱啊！多么需要人用心地去呵护它啊！

如果我们因为忙于工作，忙于应酬，忙于挣钱，最后却忽视了对身体应有的照顾和爱惜，把身体累垮了，把健康给毁了，那么最后饱尝苦果的人，只能是我们自己。所以说，懂得身体上的一些求救信号，平时对自己身体多一些关注和爱惜，及时发现身体上的健康问题，做到早发现早治疗，我们最终才会有机会免去遭受大病的痛苦折磨。

心鉴：早晨起床时，我们可以通过照镜子观察自己的气色，看自己是否健康。例如，当我们脸色发黄时，我们的身体就可能过于疲倦了，已经累及器官，这是在提醒你需要调整身体。

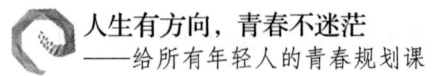

更年期的男人和女人有道坎

犹如大自然的四季更迭一样，人类也无法抗拒从青春焕发到垂垂老矣的自然规律。当男人过了50岁后，就进入了人生的更年期，女性在45～55岁之间由中年也步入了老年。这时男人的身体在健康上问题也会出来了，最明显的就是肥胖、心脏病和高血压，这也成了威胁更年期男人健康的头号杀手。女人这时也面临骨质疏松、老年痴呆症等疾病的威胁。

进入更年期的男人和女人，这时不论你事业上取得了怎样的成功，都不要忽视了你的身体健康，对所有威胁自己身体健康的疾病和隐患，都不要掉以轻心。如果发现自己身体出现了某种疾病的征兆，要趁早治疗，不要养病为患，当然，积极预防疾病的发生，无疑是很有必要的做法。具体来说，进入更年期的男人和女人，面对威胁身体健康的疾病和隐患，到底应该怎么解决呢？下面我们就对进入更年期的男人和女人，在身体健康方面出现的问题探讨一下。

既然更年期的男人这时最容易患的疾病就是肥胖、心脏病和高血压，那么面对这些威胁自己身体健康的头号杀手，更年期的男人应该怎么做，才能与这些可恶的疾病撇清界限呢？

1. 肥胖可引发种种疾病，必须控制体重

我们说，男人到了更年期，一般在事业上都是小有成就了，因为应酬和社交的需要，男人这时一般身体都会发福起来，肥胖是更年期男人首先要面对和处理的问题。同时肥胖不仅可以给更年期的男人造成心理障碍，肥胖还

第八章　要爱惜自己的身体

可引起一些大家尚不熟悉的病症。

首先，腹部大量脂肪堆积，使身体重心前移，腰背肌和脊椎小关节负荷加大，长此以往，会肌肉疲劳、韧带劳损，使腰背越来越痛，还可以发生腰痛向小腿及足部放射一系列的坐骨神经痛的症状，以及椎体滑脱、椎管狭窄等症。

肥胖也可引发高脂质血症关节炎，此病与风湿性关节炎虽然都可出现关节疼痛，但不是一种疾病，两者发病机理不同，治疗措施也不同，前者减肥降血脂，后者主要与链球菌感染相关，所以要进行抗风湿治疗。

肥胖还可以使更年期男人变成"痿哥"，因为人体在摄食 4~5 小时后是排钙的高峰，很多男人晚餐与饭局时间太长，来不及达到排钙的高峰时就入睡了，所以排出的钙在肾盂或输尿管存留时间过长，易形成泌尿系统结石。过多的胆固醇在动脉血管内堆积，会形成斑块引起动脉粥样硬化，其中生殖器的动脉也不例外，再加上肥胖的男人并发糖尿病也很多见，两种原因都会影响性功能，导致性衰退。

所以，更年期肥胖的男人一定要控制体重！

聪明的男人应该学会对自己的健康负责，而不是等到健康状况很糟糕时再来补救，因为健康就像一件艺术品，损害容易，修复起来却很困难。

2. 告别心脏病和高血压

由于年龄及生活方式的影响，越来越多的男人这时会患上心脏病与高血压，而这两种疾病对健康的危害都是十分巨大的。但是只要你真正地把健康问题重视起来，改变不良生活方式，就可以做到防患于未然。

（1）心脏病的防治。生活中，我们发现大多数肥胖更年期男人的体型像一个苹果（多余的体重集中在肚子上）。研究表明，苹果体型的人更容易出现心脏病以及糖尿病、中风和高血压。

为什么肥胖的更年期男人易患心脏病呢？一种观点认为，腹部脂肪更容易转变为胆固醇。不管这种规律的原因到底是什么，专家建议那些肥胖的更年期男人至少应该减轻 10 斤重量以改变自己的"苹果"体型。如果这样的男人想降低出现心脏疾病的危险性，那么腰围就不应超过臀围的 90%。此外，下列措施也是预防心脏病的较好方法。

①适量服用阿司匹林。不要怀疑，虽然阿司匹林不会让你青春永驻，但此药却可以使你的心脏保持活力，所以你应该储备这种药物。阿司匹林这种常用的药物不仅常常用来解除头痛和其他常见的疼痛，也可用来挽救你的心脏。但是如果你有出血倾向时，你在服用阿司匹林前应咨询医生，这是因为此药有妨碍机体凝血机制的作用。

②性格固执的人要多进行锻炼。近些年来，心脏病专家一直把那些性格固执、竞争性强、好斗的人列为心脏病高危人群。专家告诉我们，这种性格的人更容易为生活中的压力所击垮，这会使他们的心脏狂跳不止。

那么，这种性格固执的人应该怎么办呢？首先要知道，性格固执对人的健康有害。虽然一般不必为此进行心理治疗，但是做些放松训练，必要时咨询一下医生，这对你是有益处的。同时，你也要经常参加一些有益于健康的活动。

乔恩·杰拉德医学博士和其同事进行了一项以固执性格人群和温和性格人群为对象的研究。他们着重测试了血栓素的水平（这种促凝血物质可以诱发心脏病发作），结果表明：经常锻炼的固执性格的人其血栓素水平与性情平和的人的血栓素水平比较相近。这说明锻炼可以降低这种对心脏有害的血栓素的水平。

③适量饮酒有益心脏。我们都知道过量饮酒是非常有害的，它能导致多种疾病，像肝硬化、肝癌、交通事故及一种致命性的心肌病，所以你可能对以下这种说法感到吃惊：适量饮酒有益于心脏。

这样说是有根据的：每天喝点酒可以增加机体内 HDL 胆固醇的水平，

第八章 要爱惜自己的身体

这种物质能够把有害的低密度脂蛋白胆固醇清除到机体外。研究发现，适量饮酒，如每天喝一杯葡萄酒或一杯啤酒或一杯鸡尾酒都可以使你比滴酒不沾的人心脏病发作的危险性减少40%。

④补充维生素可以保护心脏。多年以来，医学界普遍认为补充维生素并没有什么好处，但是现在这种观点已经过时了。哈佛大学公共卫生学院的研究人员对40000名男性进行了一项研究，结果引人注目：每天补充至少100Iu的维生素E，持续两年，可以使男性出现心脏病发作或其他心脏疾病的危险性降低37%。

为什么维生素E会有这种作用呢？这是因为维生素E是一种解毒剂。它可以保护细胞免受一种叫做自由基的有害分子的侵害，这种分子可以引起过氧化过程，诱发动脉出现血栓。

⑤通过治疗降低血压。高血压被称为隐形的杀手，它会不知不觉地加重心脏的负担，最终导致心脏病发作，更不用说中风和肾衰竭了。降低高血压能减少心脏的负担，而并不十分难做到。例如你可以减少食物中盐的摄入，减轻体重，加强锻炼，如果有必要的话，你还可以服用某些降压药物。

(2) 高血压的防治。高血压病患者与正常人相比，中风的危险性高出12倍，心脏病发作的危险性高出6倍，死于充血性心衰的危险性高出5倍。高血压病也是导致肾衰的一个主要危险因素。

但也不要对高血压盲目恐惧，下面的措施就可以帮助你远离高血压：

①每年至少检测一次血压。如果你想知道是否血压偏高，就要让医生测量一下。如果医生没有特殊要求的话，那么每年查一次就够了。这种检查是安全而方便的，既没有痛苦，也不费什么时间。

更年期男人也可以在药店、百货商场、购物中心买到自测型血压监测仪。这种仪器可以给出你血压的大概数值。但是这种仪器并不能代替常规的医生年检。有些仪器规格不是很标准，以至于显示结果常常是误差较大。

②适当控制自己的体重。肥胖人群易患高血压。如果你体重过重的话，即使减轻几斤都会有助于降低血压。耶鲁大学医学院临床医学教授、美国高血压教育计划的高级顾问马鲁恩·莫泽博士告诉我们，某些情况下，减轻体重 10～15 磅（1 磅 =454 克）足以使轻度增高的血压恢复至正常水平，从而避免服用降压药物。

③强化运动，注意饮食。为了预防高血压，你还要注意运动和饮食，锻炼辅以低脂膳食是减肥及防止动脉栓塞的最佳办法。研究表明，那些不爱运动的人比一般人发生高血压的危险性高出 30%～50%。美国运动医学学会认为，经常进行有氧运动可以使收缩压和舒张压下降 10 个单位。你并不需要进行高强度运动就能得到运动带来的益处。事实上，一些研究发现低强度的锻炼如散步，降低血压的效果并不比跑步或其他大运动量的锻炼差。因此医学专家建议：每周至少锻炼 3 次，每次持续 20 分钟。

④盐不可多吃。平时要尽量减少盐的摄入，大多数人摄入盐的量是应该摄入的 2.5 倍，所以在炒菜的时候少放一些盐是明智的。但是研究发现，平时我们盐摄入的 3/4 来自加工食品，如方便面、汤、面包、焙制食品和快餐等。因此，在购买食品时，你应该看看食物的标签，计算各种食品的食盐含量，使每天总摄入量不超过 2400 毫克。购物时最好购买标有"低盐"的食品，这表明这种食品每份的钠含量不超过 140 毫克。

⑤适当给自己补钾。为了预防高血压，你还要增加钾的摄入。研究表明，每天摄入适量的钾会对抗钠的升血压作用，使你的血容量和血压降低。平时你很容易就可以摄入足够的钾，一个烤白薯就含有 838 毫克的钾，一杯菠菜汁含有 800 毫克的钾。其他含钾丰富的食品包括香蕉、橙汁、玉米。也有人服用钾片补钾，不过你在服用补钾片时最好问问医生，因为摄入过量的钾会加重肾脏负担。

⑥按需摄入镁。医学研究人员发现，镁摄入量过低似乎和高血压之间有

第八章 要爱惜自己的身体

内在联系。但是正常机体需要摄入多少镁才能对抗高血压仍不清楚。现在最好的选择就是按照推荐饮食剂量的标准，成年男性每天约需摄入350毫克，成年女性约为300毫克。镁的最佳来源包括坚果、菠菜、利马豆、豌豆和海产品，但是千万不要服用镁片，以免过量。专家告诉我们，镁含量过高可能会导致腹泻。

⑦多食用高纤维食品。多食用高纤维食品对高血压患者也是很有好处的。一项由瑞典人进行的研究是以32名轻度高血压患者为测试对象。结果发现：每天服用7毫克的纤维片可以使舒张压降低5个单位。虽然具体机理仍不清楚，但很可能是由于纤维易使人变饱从而吃得少了或盐摄入量减少从而使体重下降的缘故。不论是什么原因，每天额外补充7毫克纤维是件很容易的事，因为一碗高纤维的谷类食品就足够了。

⑧酒不可多饮。有权威机构对更年期男人做过一项调查，持续9年的研究发现，每周摄入3盎司的酒精后，人体的舒张压和收缩压都开始升高。这相当于6杯啤酒、6杯葡萄酒或6杯鸡尾酒。

⑨戒烟是第一要务。吸烟对高血压患者来说是非常危险的，吸烟可以使你出现中风或因高血压导致的血管破裂的危险性明显增高。当你吸烟时，会加速机体内的胆固醇在冠状动脉处的沉积过程，这会使血管口径减小，增加心脏的负担。医学界人士认为：任何高血压患者都应该戒烟。

总之，更年期男人必须要为自己的健康负责，只要正视健康与疾病，把保健工作做到位，更年期男人同样可以拥有健康的体魄。

男人的更年期免不掉疾病的威胁和由此带来的苦恼，那么一般女性，进入更年期以后身体健康方面又会出现哪些问题呢？在这里具体来说有以下五点：

（1）进入更年期，女性骨质疏松的患病率将会大大提升：这是由于雌激素水平骤降，女性的骨吸收大大增加，高于骨重建，使得骨量逐渐减少，从而易发骨质疏松症。有研究数据显示，雌激素水平的下降会导致50岁以后女性发生髋关节、脊椎、四肢关节等骨折的几率接近40%，特别是脊椎和髋关节骨折常会导致瘫痪，引起残疾。专家称，骨质疏松症也被称为"寂静之病"，因为大多数人在患病初期到中期都不会有明显的感觉，当发现腰背疼痛甚至骨折了才去诊治，往往已经错过了最佳治疗时机。不少女性患者即使感到不适也常常误以为是更年期的正常表现，因此延误了及时治疗。针对这样的情况，一方面，更年期女性应考虑每日食用足够的钙和参加适当的负重运动；另一方面，专业研究显示，在更年期进行激素补充治疗，是避免骨折、骨质疏松最理想、最有效的方式。

(2) 有数据显示，心血管疾病是女性绝经后最常见的导致死亡的原因：在心脏病发作后的一年中，女性面临的死亡危险是男性的两倍，女性进入更年期后比同年龄的男性更容易罹患心脏疾病。因此，心血管疾病应该是女性绝经后最应该关注的健康问题之一。

(3) 女性进入更年期以后，容易患更年期类偏执状态的疾病，这类疾病发病比较缓慢，病程也较冗长，常连续数年以上，发病时或病程中常伴有更年期综合征的症状，其临床表现：以嫉妒、被害、自罪及疑病等妄想为主，常伴有相应的听力上的幻觉出现。在各种幻听妄想的支配下，病人显得十分紧张、惶恐不安。具体表现为终日闭门不出或不敢回家，或是怕食物有毒而不吃不喝，或是经常四处跟踪尾随其爱人，或者与怀疑对象经常大吵大闹等。这类病人由于身陷重重怀疑之中，再加上幻觉妄想的支配和影响，所以可发生绝食、自伤、自杀和伤人等行为。

(4) 研究表明，70岁以后，老年痴呆症患病率女性高于男性。老年痴呆症患者的脑内有一种会杀死脑细胞的淀粉状蛋白沉淀，最近美国芝加哥大学研究人员的一项研究显示，女性患老年痴呆症与脑雌激素少有关——大脑缺少雌激素能加速大脑淀粉状蛋白沉积斑块的形成。多项研究证实，激素补充

第八章 要爱惜自己的身体

可改善65岁以下女性语言记忆和延迟记忆能力,也就是说,如果在更年期进行激素补充治疗,可以降低女性患这种疾病的概率。

(5) 要警惕各种妇科疾病的威胁。进入更年期女性,卵巢功能明显减退,阴道的自然防御能力大大降低,所以各种致病菌很容易侵入其体内。因此,这时中老年妇女最好穿白色棉织内裤,不要穿各种花色的内裤,以便从自己的白带中及时发现各种妇科疾病,做到早发现早治疗。

进入更年期的广大女性朋友,面对这时身体上出现的健康问题,应该怎样处理和面对它们呢?有以下方法供你参考:

(1) 均衡膳食。进入更年期的女性,因为体内雌激素水平不稳定,这时会产生如失眠等不适症状。在饮食上要多注意均衡营养,多吃蔬果,适量补充钙质、维生素以及优质蛋白。另外,在20多种氨基酸中有8种是人体所必需的又是人体不能自己合成的,需要在食物中获取,特别要从乳品、蛋、瘦肉、鱼类和大豆中获得。所以说,更年期女性最好多吃鱼,多吃黄豆等豆制品,多吃新鲜蔬菜,这些食物都可以帮助广大女性朋友缓解更年期的不适症状;另一方面,还要限制糖、热量、动物脂肪、胆固醇和盐的摄入,预防高血脂、高血糖。

(2) 多喝水,少喝含咖啡因饮料。更年期女性自身激素水平不稳定,更不适宜饮用含咖啡因等刺激性的饮料,以免增加身体负担,加重失眠、心律不齐等症状。

(3) 不吸烟,不酗酒。吸烟本身就会使女性患乳腺癌等癌症的概率升高,而在更年期这个"敏感时期",吸烟及酗酒更容易激发身体的"隐患",因此建议这时的女性朋友不要吸烟和酗酒,坚持健康的生活方式。

(4) 不熬夜。熬夜本身对人体生物钟就有着不良影响,容易使生物钟紊乱。更年期女性应该养成良好的生活作息习惯,通过有规律的生活调节身体和情绪,平安度过更年期。

(5) 适量运动。散步等运动可以帮助更年期女性适当活动身体，增强体质，以改善机体血液循环，维持神经系统的稳定性，并且不会因为过度劳累导致身体负荷过大而造成不适感出现等问题。

(6) 保持良好心态，乐观面对生活。更年期女性多了解有关知识，有助于保持心情舒畅，正确地看待更年期症状，并积极参加治疗。另外，积极参加文娱活动，充实安排生活，也能够帮助更年期女性积极乐观地度过这段身体变化时期。

(7) 注意个人卫生。由于更年期女性外生殖器开始萎缩，抵抗力下降，外阴部容易发生局部的细菌性感染，并容易患上阴道炎、尿道炎和膀胱炎，因此更年期女性应特别注意个人卫生，养成良好的卫生习惯。

另外，进入人生更年期，无论男人还是女人，这时都应该保持乐观，以积极向上的心态去面对生活，面对身边的人和事。乐观的心态有助于帮助更年期男女克服生活上、身体上的烦恼，给生活增添乐趣，也有利于更年期男女顺利度过更年期，让生命的每个阶段都能顺利地度过。

心鉴：处于更年期的男女，在精神上容易产生愤怒、焦急、恐惧、沮丧、悲伤、不满、嫉妒等不良情绪，这些情绪都会过分刺激人体的器官、肌肉或内分泌腺，容易诱发多种疾病。所以，处于更年期的男女们应学会调整自己的情绪，尽量少发火，保持心情愉快，以便能顺利地度过更年期。

第八章 要爱惜自己的身体

青年男女也不能挥霍自身的健康

如今社会上的青年男女,每天都要面对工作和生活上的双重压力,日子过得紧张、单调而又让人感到乏味,从而很容易忽视自己身体健康问题。

人的身体也是一个很微妙的循环系统,它有自己的防御机制和自我修复功能。尽管这样,如果我们对身体上出现的问题,缺乏关心,忽视它们的存在,时间久了,身体就可能出现大问题,到那时一切都晚了。所以说,青年男女不要因为现在年轻,就可以对身体挥霍无度,肆意破坏它的运行规律,漠视它的警告等,而要充分重视自己身体健康,让生活变得更美好、更有活力,这样的日子过起来不是更好吗?

那么具体来说,青年男女在身体方面会有哪些问题呢?下面我们就对此进行一下研究和探讨。

青年男人,这时会出现哪些健康问题呢?

(1) 紧张。青年男人,都是职场上的主力军,但是工作上的压力,也让他们精神备受紧张困扰。有人曾对各种职业的4000人做过一项长达10年的研究,结果证明:心脏病主要来自情绪紧张。专家们一致认为:"当一个人终日生活在紧张中时,更容易患高血压病。"青年男人如果长期生活在紧张环境中,他们会感到烦躁、焦虑和不安,这会造成他们很容易感到头痛、失眠,甚至患上高血压这种疾病。

青年男人要想缓解心中的紧张感,就要发展良好的人际关系,以便自己克服不必要的忧虑。

(2) 滥用药物。所谓滥用药物是指不科学且毫无理由地服用化学药品，它造成的结果便是"自杀"与意外中毒。现在很多青年男子，因为平时很忙，出现了发热、感冒、流鼻涕的小病，没时间去医院看病，于是自己买回来一大把药片往肚子里塞。时间长了，势必就会造成一种不好趋势，许多本来很健康的人要依赖药丸来解决自己的各种问题。

(3) 暴饮暴食。青年男人，下班以后经常很多人一起去下馆子，随便点点就弄来一大桌的菜，于是大家一起在那里海吃海喝，结果暴饮暴食，造成身材发福肥胖。因为身体肥胖超重，时间长了许多疾病也就找上门来了，其中包括高血压、糖尿病及心血管疾病。

(4) 缺少运动。今天很多青年男人，忙于工作，忙于应酬，忙于挣钱，就是抽不出时间进行体育锻炼。适度的运动，有益于身体健康，对工作压力大的青年男人来说，每周进行几次户外锻炼很有必要。就是每天到户外散步半小时，也能让肌肉更强健，使呼吸顺畅。但是因为缺乏运动，使青年男人过早患上许多疾病，如慢性疾病、呼吸短促、消化不良、头痛、腰痛、肌肉虚弱与萎缩，这些都体青年男人加速了衰老。

(5) 不注意身体的警号。青年男人，对平时的小病小灾根本就不放在心上，只有等到身体哪个部位的功能出现了大毛病才去医院。其实青年男人，平时就应当特别注意大便及小便的变化、无法治愈的喉痛、不寻常的出血、任何部位的硬块、消化不良或吞咽困难、瘤的显著变化、不停的咳嗽或声音嘶哑。对身体的这些信号都应当牢记：越是使你不知道怎么办的病痛才越会伤害你。

(6) 任意中断治疗。青年男人主观的自我诊断将导致两种不良后果，低估病情与加重病情。他们应该明白，忽视各种症状就是对健康的儿戏，任意中止药物治疗会使疾病再次复发。

(7) 过度节食或素食。所有流行的减肥节食措施如果使用过久，就有损害健康的潜在危险，这是因为大部分节食和素食，都会减少饮食应该包含的营养物质。

（8）吸入致癌的物质。人如果吸入过多致癌微粒，便会在敏感的肺部组织细胞上引发潜伏的癌细胞。青年男人如果有吸烟的爱好，就会给自己的身体健康带来很多危害，因此为了自己的健康，青年男人最好戒掉吸烟的习惯。

（9）因为工作忙，忘记吃饭。我们知道，人如果不能准时吃饭，就会引起胃肠性收缩，就会出现腹痛、严重低血糖、手脚酸软发抖、头昏眼花，甚至昏迷、休克等症状。如果青年男人经常饥饿不进食，饮食不规律，还容易引起溃疡病、胃炎、消化不良等病症。

（10）过度疲劳时喜欢硬撑。当青年男人感到身体疲劳至极的时候，会有感觉周身乏力、肌肉酸痛、头昏眼花、思维迟钝、精神不振、心悸、心跳、呼吸加快等症状，即使这样他也不会选择休息，让身体暂时缓冲歇息一下，他会选择继续将工作进行下去。时间长了，青年男人就会积劳成疾，百病缠身。特别是晚上感到头昏想睡时硬撑下去，强用浓咖啡、浓茶去刺激神经，不仅会造成神经衰弱，还会让青年男人患上冠心病。

（11）喜欢喝酒。青年男人，因为工作上应酬等需要，经常要喝很多酒。而酒精容易引起性腺中毒，损害男性生育能力的同时，也会损害青年男人的肝脏，让他们患上酒精肝、脂肪肝的概率大大增加，损害了青年男人的身体健康。同时酒后驾驶，也会让青年男人死于车祸之中，因此，要想生活得更幸福一些，青年男人要少喝酒，甚至是不喝酒。

青年男人平时工作很辛苦，而要想做好工作，离不开一个健康的体魄，因此，我们说，青年男人既要工作好也要身体好，只有这两者都好了，一切才能真正好起来。

既然对于青年男人来说身体健康很重要，那对于青年女性来说，这时身

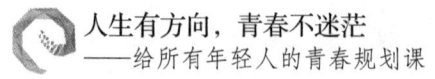

体健康上要注意哪些问题呢？下面就让我们来看一下：

(1) 卵巢早衰现象要重视。现代女性与男性一样，生活在一个生活节奏日益加快的社会里，加上心理压力过大、空气、水质、食品等大环境和现代化家用、办公用电器辐射等微环境污染、缺少体育运动等，使她们面临着体质较早衰退的危险。而女性更因为生理功能维系于卵巢功能，在上面这些不良因素的影响下，使本来应该在45～55岁才会出现的卵巢功能衰退现象提前到来了。

那么青年女性应该怎么做才能让自己避免出现卵巢早衰现象呢？

首先，面对工作上、社会上、生活中的压力要有一个良好的心态，能做到自我调节；作息时间要合理，避免熬夜等不良生活习惯；在饮食上注意营养摄入的均衡，荤、素、水果的搭配要合理；改掉晚睡迟起的习惯；有空多运动，加强自身体质的锻炼。

(2) 乳腺增生疾病的困扰。如今的青年女性朋友，和男人一样要承担工作压力；要挣钱生存、发展自己；要面对职场上行行色色的人；要和许多人打交道，搞好关系等，这些事情都会给青年女性带来烦恼，让她们心生郁闷，纠结。这些不良情绪如果得不到及时排解，就会淤积在胸中，首先伤害到的就是自己的肝。而肝气郁结就会导致乳腺增生疾病的产生、发展，因此青年女性若想彻底治好这种疾病，一定要保持快乐的心情，时刻保持乐观的心态，正确看待工作中的困难。要知道，即使自己再苦、再累、再愁，也要笑一笑，因为天下没有过不去的"火焰山"。

(3) 过分追求干净。美国微生物学家玛丽博士通过大量研究得出结论：用普通肥皂和水洗手就足够了，抗菌产品反而会起反作用。现在抗菌产品已经广泛进入了人们生活中，像各种除菌香皂、洗手液和沐浴液等。青年女性作为家庭主妇，为了家人的健康，往往会使用这些产品。"但是，这并没有让人们远离流感和感冒，打破了体内的菌群平衡，并减弱了人体对细菌的敏感度，反而使得病菌在体内大肆作乱。"玛丽博士认为，在人体消化和营养吸收系统中，大多数微生物对维护健康十分有必要。经常使用抗菌产品，会让这些有益的微生物难以生存。

（4）长期服用口服避孕药。青年女性，如果长期服用口服避孕药，会给自己的身体造成一定的损害，甚至当有一天想要怀孕生孩子的时候，却发现身体这时已经出现了问题，而难以一时如愿。这就是口服避孕药给她们身体造成的危害。

（5）喝大量的碳酸饮料。可乐等碳酸饮料中含有磷酸盐形式的磷酸，它会影响钙的吸收。经常喝下大量这类饮料的青年女性，身体会减少对钙的吸收，导致骨质疏松症早日找上门来，不利于身体健康。因此，青年女性尽量不要喝碳酸饮料。

（6）乱减肥。很多青年女性朋友很爱美，她们总是嫌自己胖，即使在外人看来很匀称的身材，自己偏偏要去减肥。减肥会影响身体对营养的吸收，如果女性体重过轻怀孕的概率会减小不说，还更容易患骨质疏松症。

（7）精神抑郁，影响工作生活。精神卫生基金会一项调查显示，现在有很多青年女性朋友，正在经受着精神抑郁和焦虑等垃圾情绪的困扰，这些情绪已经影响到了她们的身体健康。她们体内也缺乏一种叫做"快乐激素"的复合胺这种物质，而复合胺的缺乏是由于人体摄入的氨基酸、色氨酸的量不足，又因为人体无法合成这种氨基酸，只能通过食物来摄取。《复合胺的秘密》一书的作者卡洛琳罗蒙博士指出，补充色氨酸要多吃火鸡、乳酪、李子和香蕉等。因此专家建议，青年女性最好一周吃4～11根香蕉，这可以帮助青年女性减少精神抑郁症的发生。

（8）饮酒。青年女性需要工作，而工作就少不了应酬，就要喝酒。但是青年女性每天喝一杯酒，患乳腺癌的几率就从9.5%升至10.6%。此外，年轻女性经常喝酒也会引发其他癌症。因此，为了健康，青年女性尽量不喝或者

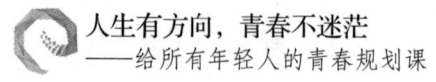

少喝酒。

（9）缺少锻炼。英国脊椎指压疗法协会称，一生当中，70%的女性都会遭遇背痛，如果你正经历着疼痛，最好的缓解方法就是多做哑铃和杠铃运动。美国专家建议，背痛的女性至少要坚持做 16 周的负重运动，其中 12% 的时间要做有氧运动，也能帮你缓解背痛。但是现在很多青年女性没时间锻炼身体，因此她们很多人正遭受着亚健康、职业病的困扰。

（10）不当饮食造成肥胖。今天的青年女性要当心身材过度肥胖，要知道肥胖的身材不仅难看，而且还容易带来健康上的隐患。肥胖可以让青年女性患上卵巢癌、高血压、心脏病、脂肪肝等疾病。所以说，为了健康，青年女性最好要合理安排饮食，控制好自己的体重。

健康是一辈子的事。广大的青年男女们，无论你们现在做什么样的工作，过怎样的一种生活，都要时刻关注自己的身体，照顾好自身的健康。要知道身体是革命的本钱，如果没有了健康，你们还能拥有什么呢？

心鉴：青年男女，虽然平时忙于工作，在生活上也过得很辛苦，但是无论怎样忙，都不要忽视了自己的身体健康。不管我们身体的哪个器官疼痛，都不要掉以轻心，同时也不要忍，要早治疗，早预防。

青春期孩子要注意的身体健康问题

青春是美好的，处于青春期的男孩、女孩在享受生命最美好年华的同时，他们的身体也像竹子一样，一节一节地向上蹿着，生长着，成熟着。面

第八章 要爱惜自己的身体

对人生中这个长身体的关键时期，处于青春期的男孩、女孩要注意哪些身体健康问题，就显得很重要了。如果不能及时注意到，就会给身体发育留下永久的遗憾。

总的来说，处于青春期的男孩、女孩身体上的变化是巨大的、显著的，遇到与身体有关的问题和烦恼也是最多的。处理得好就可以让人生平安地过渡到下一个生命阶段，处理得不好就可能影响到自己未来的发展和前途。因此，人们又说，青春期是美好的也是危险的。

那么对于男孩、女孩来说，青春期会分别遇到哪些身体上的健康问题呢？这里就让我们来逐一研究一下。

1. 青春期男孩要注意的身体健康问题

（1）青春期是人体发育的重要时期，也是人一生中的关键时期，青春期男孩的健康状况往往会影响到他一辈子。青春期是生命的最旺盛时期，这时的男孩往往容易凭兴趣注重某一方面，缺乏生活规律，因此这时的男孩应注意使生活、学习、活动有规律地进行，保证德智体的全面发展。

（2）要注意提高饮食质量，加强营养，特别应增加豆类食品和动物类食品，摄入足够数量的蛋白质；多吃绿叶蔬菜、水果，补充身体发育需要的营养。青春期的男孩只有保持身体营养跟上，才能长成峻拔的优美身材，否则营养不良，影响身体的继续长高。

（3）青春期男孩，不要吃太多的补品和营养品，只要够身体的健康发育和成长就可以了。否则物极必反，以免让身体因摄入过多的蛋白质、脂肪、碳水化合物，长成小胖墩，身体将不再继续长个头了。这样的结果是得不偿失的，因为过度的肥胖也会导致青春期男孩罹患各种富贵病的风险加大：比如有的孩子年纪轻轻却因为吃的好东西太多，而患上了脂肪肝等疾病。

（4）男孩这时应该具有青春期保健意识。平时尽量不要穿过紧的牛仔裤，因为它不容易通风通气，影响男孩生殖器官正常发育，导致精子生成障碍，引起不育。所以青春期男孩不宜长期连续穿牛仔裤，牛仔裤宜与其他衣服交替穿戴。

（5）不要吸烟和大量饮酒。吸烟和过量饮酒会对人体产生毒害作用，对处于青春期长身体的男孩来说危害更大，甚至造成终身疾病。因此男孩这时要进行自我约束，不要沾染上吸烟喝酒的陋习。

（6）青春期男孩随着年龄增长，会长出胡子，不要用手去拔刚长出的几根胡子，因为这时该处血管丰富，容易把病菌带入血液，引起败血症。

（7）青春期男孩还要注意个人卫生，因为这时的男孩患上一些传染病、常见病如结核、肝炎、肾炎、心肌炎等疾病的人并不少见；患上像植物神经功能紊乱、散发性甲状腺肿、甲状腺亢进、神经官能症等疾病的概率明显比童年期增多。所以青春期卫生也是男孩这时不容忽视的一个问题，平时还要注意锻炼身体，为一生健康和将来工作打下良好的基础。

2.青春期女孩要注意的身体健康问题

既然青春期男孩会有以上这些身体健康问题，那么青春期女孩又有哪些需要注意的身体健康问题呢？下面就让我们来探讨以下这些问题。

（1）束胸影响女孩形体美。青春期女孩正处于长身体的黄金时期，也是女孩胸部发育的最佳时期。如果女孩这时故意把胸束得平平的，这会影响女孩乳房正常发育，不利于女孩形体美的塑造。

（2）束胸影响女孩身体健康。束胸是自外向内施加压力，这对胸廓的压迫很大，很容易使由脊椎、胸骨和肋骨组成的胸廓变形；根据专家介绍，坚持束胸两年的女孩，与同等条件不束胸的女孩相比，肺活量、肺容量等肺功能指标大约要低15%~25%；束胸对乳房发育是一种严重摧残，在长期外力的压力下，乳腺无法正常发育，这对女孩将来生育、哺乳都会造成不良的影响。因此，这时的女孩需要在妈妈的帮助下，为自己选择合适的胸罩，胸罩最好选择全棉的，它吸汗、透气度好，用起来较为适宜。

(3) 盲目减肥坏处多。青春期女孩正处于长身体的关键时期，可有些女孩老觉得自己长得胖，于是盲目进行减肥。于是她们减少一日三餐的饭量，甚至坚持不吃早餐，时间长了，就把自己减成"排骨"的身材了。不仅体现不出女性的美，还将给自己惹来很多麻烦：影响发育、月经紊乱、体弱多病，甚至还会影响将来的生育等。可见，对青春期女孩来说，盲目的减肥要不得。

(4) 喜好甜食，过度肥胖。处于青春期的女孩，有不少人平时喜好甜食，于是身体过早地因为脂肪的堆积而发福起来，最终导致身材肥胖。女孩过度肥胖，会导致高血压、冠心病的发生。因此，青春期女孩要减少对蛋糕、冰激凌的喜好，多吃五谷杂粮、蔬菜和水果，荤素搭配要适当，以保证身体营养均衡、能正常发育。

(5) 忽视经期卫生：女孩子在十三四岁以后就要来月经，在月经期间，女孩的身体会有一系列的变化，抗病能力降低，让各种细菌有了乘虚而入的机会。很多女孩在身体这个敏感时期内，不注意经期卫生，凉东西照吃，穿衣也不注意保暖，不注意休息，该怎么玩还是怎么玩。时间长了，女孩就会得一些妇科炎症了。

(6) 青春期女孩，心理会比较敏感，遇到挫折时容易心情沮丧，委靡不振，容易陷入矛盾和痛苦中。而情绪上的低迷状态，不仅会影响女孩学习，时间长了，还会给女孩的身体健康带来危害。因此，做父母的这时要给女孩及时的鼓励和帮助，让她们早一天摆脱掉不良情绪的困扰。

处于青春期的男孩和女孩主要任务之一就是：让身体得到好好发育和成长，为自己将来继续深造学习，进而为进入社会做好充分准备。虽然青春是美好的，但是对于处在青春期的男孩和女孩来说，拥有一个健康的身体却显得更加重要。

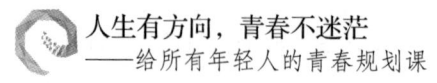

心鉴：处于青春期的男孩和女孩，由于平时学习紧张，容易用眼过度，因此学会保护自己的眼睛就显得很重要了。为了保护眼睛，我们可以做眼部穴位按摩操。食指、中指并拢，从鼻梁向太阳穴轻轻点拍，促进眼部血液循环，激发细胞活力，让眼睛明亮有神采。

老人和孩子要注意的身体健康问题

老人和孩子是社会中一个比较特殊的群体，他们身体都比较脆弱，都需要别人给予关注和照顾。作为他们的家人和身边的人，照顾好他们是我们的责任和义务，要知道尊敬、照顾好老人，爱护好孩子也是我们中华民族的传统美德。

那么我们应该怎么做，才是真的照顾老人、爱护孩子呢？照顾好他们的饮食起居，照顾好他们身体的健康，就是作为他们的家人和身边亲近的人，所应该做到的最基本的一点。那么作为老人和孩子，平时最应该注意哪些身体健康方面的问题呢？

1.老人应该注意的身体健康问题

（1）老年人在运动上应该注意的身体健康问题。在运动这一点上，我们重点来讲述老年人的晨练问题。有些老年人喜欢在早晨锻炼身体，而早上适当的锻炼，对老年人身体健康也是有益的。尽管如此老年人在晨练时还应该注意如下这些问题：

①晨练前应先吃些食物。有些老年人喜欢先晨练，然后再吃早饭，其实这是不科学的。专家的建议是，老年人在晨练之前，应该先适当吃一些食

物，尤其是对于有慢性病的老人，更要注意这一点。早上，老年人体内营养物质经过一夜消化吸收，身体正处于低代谢阶段，如果不在运动前得到一些补充，那么会很容易引起心脑血管疾病。但是也不要吃得过饱，防止运动的时候身体各部位供血不足。

②对于患有慢性病的老年人，服用药物要根据医嘱或药品的说明来正确使用。对于一些心脑血管疾病和高血压的病人，最好在晨练活动之前先服用一些降血压的药物。

③出太阳后再进行晨练。有些老年人认为晨练就应该越早越好，于是一大早天还没亮就出家门锻炼身体了，这是不科学的做法。因为经过一夜的时间，污染物在空气中堆积得比较多，这些污浊的空气被人吸入体内后会产生有害的影响。而当太阳出来以后，这些污染物会在空气中进行一定的新陈代谢。所以说，老年人一般在没有大风或明显降雨的情况下，太阳出来之前进行晨练是不太适合的。

④室外运动30分钟最适宜。专家指出，老年人晨练的时间应该控制在20~30分钟为最佳。中老年人在锻炼时应该多注意进行一些内在肌肉协调和柔韧性的运动，像慢走和太极拳等活动，这些运动会保持肌肉、器官的稳定性。

⑤老年人天天晨练不科学。专家认为，对于那些心律不齐、心慌心乱、肾功能不好、贫血和肝脏有问题的老年人最好不要进行晨练，或者进行一些小运动量的活动。对于其他的老年人一周中有4~5天的时间进行锻炼最为科学，然后休息一两天，以使身体得到恢复和缓冲。

⑥晨练前做好防意外准备。有疾病的老年人在锻炼的时候身边应该有人陪护，而且陪护人员最好掌握一些相关的急救知识，最好随时携带一些"速效救心丸"之类的药品，这样在突然发病的情况下便于呼叫和采取一些心肺复苏的急救措施。在夏季的时候，还应该注意及时补充水分，防止中暑现象

的发生；入秋早晚天气变化比较明显，温差较大，因此要注意适当地增减衣物，防止受凉，减少感冒、心绞痛等疾病的发生。

(2) 老年人在饮食上应该注意的身体健康问题。

①少量多餐，以点心补充营养。老年人由于咀嚼及吞咽能力都比较差，往往一餐吃不了多少东西，且进食时间又拖得非常长。为了让老年人每天都能摄取足够的热量及营养，建议老年人一天分5~6餐进食，在三次正餐之间另外准备一些简便的点心，像是低脂牛奶泡饼干(或营养麦片)、低脂牛奶燕麦片，或是豆花、豆浆加蛋，也可以将切成小块的水果或水果泥拌酸奶食用。

②以豆制品取代部分动物蛋白质。老年人必须限制肉类的摄取量，一部分的蛋白质来源应该以豆类及豆制品（如豆腐、豆浆）取代。老年人的饮食内容里，每餐正餐至少要包含170克质量好的蛋白质（如瘦肉、鱼肉、蛋、豆腐等），素食者要由豆类及各种坚果类（花生、核桃、杏仁、腰果等）食物中获取优质蛋白质。

③主食加入蔬菜一起烹调。为了方便咀嚼，老年人尽量食用质地比较软的蔬菜，比如西红柿、丝瓜、冬瓜、南瓜、茄子及绿叶菜的嫩叶等，切成小丁块或是刨成细丝后再烹调。如果老年人平常以稀饭或汤面作为主食，每回可以加入1~2种蔬菜一起煮，以确保每天至少能吃到500克的蔬菜。

④每天吃350克水果。水果是常被老年人忽略的食物，一些质地软的水果，如香蕉、西瓜、水蜜桃、木瓜、芒果、猕猴桃等都是很适合老年人吃的，可以把水果切成薄片或是以汤匙刮成水果泥食用。

⑤补充维生素B。维生素B与老年人易罹患的心血管疾病、肾脏病、白内障、脑部功能退化（认知、记忆能力）及精神健康等都有密切的关系。老年人无论是生病、服药还是手术后，都会造成身体中维生素B的大量流失。因此对于患病的老年人来说，尤其需要注意补充维生素B。

第八章 要爱惜自己的身体

没有精加工的谷类及坚果中都含有丰富的维生素B，所以在为老年人准备三餐时，不妨加一些糙米、胚芽等和白米一起煮成稀饭，或者也可以将少量坚果放进搅拌机里打碎成粉，加到燕麦里一起煮成燕麦粥。

⑥限制油脂摄取量。老年人摄取油脂要以植物油为主，避免肥肉、动物油脂（猪油、牛油），少用油炸的方式烹调食物。另外，甜点糕饼类的油脂含量也非常高，老年人要尽量少吃这一类高脂肪零食。最好以多元不饱和脂肪（如玉米油、葵花油）和单元不饱和脂肪（如橄榄油、花生油）轮换着吃，这样比较能均衡摄取各种脂肪酸。

⑦少加盐、味精、酱油，善用其他调味方法。味觉不敏感的老年人吃东西时常觉得索然无味，食物一端上来就猛加盐，非常容易吃进过量的钠，埋下高血压的隐患。老年人可以多利用一些具有浓烈味道的蔬菜，例如香菜、香菇、洋葱，用来炒蛋或是煮汤、煮粥；利用白醋、水果醋、柠檬汁、橙汁或是菠萝等各种果酸味来变化食物的味道。一些中药材，尤其像气味浓厚的当归、肉桂、五香、八角或者香甜的枸杞、红枣等取代盐或酱油，这些丰富的味道也都有助于勾起老年人的食欲。

⑧少吃辛辣食物。虽然辛辣香料能引起食欲，但是老年人吃多了这类食物，容易造成体内水分、电解质不平衡，出现口干舌燥、火气大、睡不好等症状，所以少吃为宜。

⑨白天多补充水分。因为担心尿失禁或是夜间频繁跑厕所，不少老年人整天不大喝水。其实老年人在白天还是可以多喝些白开水的，也可以泡一些花草茶（尽量不放糖）来变换口味，但要少喝含糖饮料。到了晚餐之后，减少水分的摄入，这样就可以避免夜间上厕所、影响睡眠了。

此外，老年人在平时生活中还应该多多关注自己的体重，因为体重与老年人的身体健康是息息相关的。

一般老年人会认为瘦就表明自己身体很健康，但是老年人也必须得明

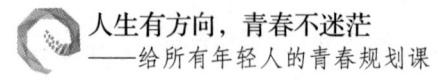

白：如果你没有刻意去减肥而体重却下降的话，就表明你的身体有诸如：癌症、痴呆症、抑郁症、心脏衰竭，营养不良等问题出现了。这时要跟家人进行一下沟通，说明你的担忧并让家人带你到医院进行检查。也许有时你体重下降并不是全由健康的问题引起的，但是进行检查肯定有利于你的身体健康。

对于广大老年人朋友来说，保持良好的心态，平时坚持适当的锻炼，在饮食上保证营养和均衡，就可以度过一个愉快幸福的晚年，是绝对没有任何问题的。好了，既然关于老年人的身体健康问题我们已经有了大概的探讨了，下面就让我们来看看，对于孩子们来说，他们又应该注意哪些身体健康的问题呢？

孩子是家庭的希望，也是祖国的未来，孩子的身体健康关系到一个家庭的前途和命运，也关系到祖国的明天。孩子由于年幼无知，在身体健康方面只能依赖父母的照顾和呵护，所以这时的父母就要承担起自己的责任，努力让孩子拥有一个健康的身体，不让他们输在起跑线上。那么对于父母来说，我们应该怎样照顾好孩子呢？在孩子身体健康方面我们又该注意哪些问题呢？

（1）孩子感冒不可小视。当孩子感冒以后，会出现高热、寒战、头痛、流鼻涕和咳嗽等病症，部分孩子会腹痛、腹泻，少部分孩子会因为高烧而导致抽风。但是对于大部分孩子来说，他们在一周内一般可以痊愈，但如果病程拖长或病势加重，就会导致其他疾病的发生。具体来说，当孩子患上感冒以后，要注意哪些问题呢？

①感冒如果是病毒感染，使用抗生素无效，但有时为了防止继发细菌感染，可预防性给药。但是一定要注意不可盲目地、大剂量口服广谱抗生素。

②孩子高烧不退，有些父母听说激素能降温，于是给孩子口服激素，有些医院也采取这种方法。不过这样的做法是错误的，对于父母来说，激素一

定要慎重使用，因为它可以使感染扩散，使病情加重。这时宜采用物理降温法或解热镇痛药物来帮孩子降烧，降低其身体上的温度。

③当孩子流鼻涕较多时，要用软毛巾或纱布轻轻帮其擦拭，有较硬的鼻痂不可用手挖，要用棉签涂上红霉素软膏，待鼻痂软化以后，再用棉签轻轻蘸出，这样可防止感染。

(2) 注意孩子是否身体缺锌。一般来说，如果孩子身上出现了异食、厌食、生长缓慢这三方面现象，即说明孩子有缺锌的可能。异食：指孩子喜欢吃不能吃的东西，如泥土、火柴杆、煤渣、纸屑等；厌食：指孩子胃口差，不想进食，或进食量减少；生长缓慢：孩子表现为体重、身高、头围等发育指标明显落后于同龄儿童，显得矮小。如果父母不能确定孩子是否缺锌，可带孩子到医院检测血液或头发中的锌含量，如果低于正常水平，即可诊断为缺锌。

如果孩子真的缺锌，父母可以给孩子多吃点肉类、蛋、禽、海产品、牡蛎等动物性食品，这些食品里的含锌量既多且吸收率都在30%~70%之间，明显优于谷物类。因此，我们不提倡让孩子吃素。

(3) 注意孩子患上手足口病。有的孩子发热时手足突然出现皮疹，尤其手足心皮疹明显。这是什么病呢？这种病叫做手足口综合征，我们习惯称为"手足口病"。

手足口病主要发生在儿童中间，以1~4岁的小孩发病率最高。这种病是由病毒感染引起的，大约每隔2~3年流行一次，多为集体发生，也有时呈大流行趋势。

该病多发生于夏季，初起主要症状是发热，体温一般在38℃~39℃之间，伴有咽痛、不想吃饭等症状，很像是夏季感冒。但是当孩子发热2~3天后，开始流口水，并且孩子口腔黏膜出现小疱疹和溃疡，再稍后几天，便可发现孩子手足皮肤出现特异性皮疹。

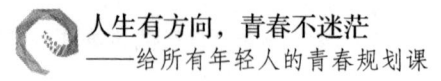

手足口病的皮疹有两种基本形态，一种为水疱疹型，手掌和足趾部位疱疹较多，疱疹数量多少不一，伴有痒感，大约3~7天皮疹消退；还有一种疹为丘疹型，常见于手足背和肘膝关节侧面，有时臀部也可以见到皮疹。

手足口病必须到医院及时治疗，否则会延误病情，给患儿生命造成危险。

（4）孩子换牙时要注意的身体健康问题。每个人的一生中都要经历一次换牙，刚出生的时候所长出来的牙齿我们把它叫做乳牙，随后当孩子长到6~11岁时，乳牙会被新长出来的牙齿逐渐替换，这时的牙齿我们叫做恒牙。当恒牙长出后就要跟随孩子一辈子了，所以在孩子换牙期间还是需要注意以下几个问题，方可保证乳牙正常脱落，恒牙正常长出和发育：

①孩子到了换牙时间，父母应定期带孩子去医院进行检查，看孩子乳牙是否按时脱落，若延迟脱落应及时拔出乳牙，防止它影响恒牙的正常长出，造成牙齿畸形。

②孩子乳牙脱落后一般恒牙会很快长出，但是恒牙若迟迟不能萌出，可去医院对恒牙将要萌出的地方于牙龈处切出一个缝隙，帮助恒牙尽快萌出。

③孩子在换牙期间，喜欢拿舌头去舔自己的恒牙，时间一长容易造成上下牙齿咬合不齐、牙齿错位、前牙外露等牙齿畸形，影响孩子美观。因此，当父母发现这种情况后，要及时让孩子加以纠正。

④父母在孩子换牙期间，要加强孩子所需的营养，促进其牙齿正常生长，比如：新鲜蔬菜、虾、骨头汤、牛奶、鸡蛋，这些东西都可以帮助孩子及时补充到维生素、钙质和高蛋白。

⑤在孩子换牙期间，也同样要注意口腔的保洁工作，防止口腔疾病侵害到孩子的牙齿健康。

（5）不良的生活习惯，有损孩子身体健康。如果孩子生性淘气、顽皮，生活上没有规律，该吃饭的时候不吃饭，该睡觉的时候不睡觉，该起床的时候又不按时起床，这些都会给孩子带来不利影响，会降低孩子身体抵抗力，让他们很容易生病。因此，作为父母，要注意培养孩子良好的生活和作息习惯，只有这样他们才能减少患病机会，多一分健康保证。

总之在孩子懵懂无知的时候，父母要对孩子的身体健康负起全部的责任，要让孩子的身体得到正常的生长、发育，要让他们拥有一个健壮的身体去抵御明天的风雨侵袭。没有身体上的健康孩子将会没有一切，将会失去一切，因此，父母要给孩子多一些爱护、指导和管教，不要让他们在起跑线上就输给了别人。

心鉴：老年人骨骼比较脆弱，在下雪或下雨的坏天气出门，尤其要防止摔倒，一旦真的摔坏了身子麻烦可就大了。另外老年人最好和子女住在一起，比如夜里起来方便一下，一旦被东西绊倒也好采取及时施救措施，否则真的可能给老年人带来灭顶之灾。

孩子在0~3岁的时候，是一生性格和情商形成的黄金时段，这时做父母的要给孩子以极大的关注和引导，培养孩子良好的性格以及帮助孩子塑造一个较高的情商，这都是做父母的最需要注意的地方。